"十四五"职业教育国家规划教材

"十四五"职业教育山东省规划教材

# 机械 CAD/CAM

## ——中望 CAD 项目教程

主　编　崔金华　桑玉红
副主编　徐　芳　刘福军　赵　杰　何　伟
参　编　李海霞　黎江龙　丁明波

北京理工大学出版社
BEIJING INSTITUTE OF TECHNOLOGY PRESS

## 内 容 简 介

本教材基于理实一体化的教学理念,以项目教学为引领,以工作任务为主线,以实践为导向,由浅入深,由易到难,图文并茂,通俗易懂地设计了 6 个项目、20 个学习任务。

本教材落实立德树人的根本任务,在岗位职业能力充分调研分析的基础上,强化专业知识的应用性和专业技能的操作性,参照相关的"1+X"职业技能标准,结合职教高考技能考试和技能大赛的考试标准,以提高学生实践操作能力为基本框架,让学生做中学、学中做,掌握行业、企业专业知识和技能操作,与企业岗位接轨,有机嵌入职业标准、行业标准、技能大赛标准,体现岗课赛证有机融通。融入思政教育,突出劳模精神和工匠精神的养成。

**版权专有 侵权必究**

### 图书在版编目(CIP)数据

机械 CAD/CAM:中望 CAD 项目教程 / 崔金华,桑玉红主编. -- 北京:北京理工大学出版社,2023.7 重印

ISBN 978-7-5682-9865-0

Ⅰ. ①机… Ⅱ. ①崔… ②桑… Ⅲ. ①机械设计 – 计算机辅助设计 – 应用软件 – 教材②机械制造 – 计算机辅助制造 – 教材 Ⅳ. ①TH122②TH164

中国版本图书馆 CIP 数据核字(2021)第 243396 号

| | | | |
|---|---|---|---|
| 出版发行 / | 北京理工大学出版社有限责任公司 | | |
| 社　　址 / | 北京市海淀区中关村南大街 5 号 | | |
| 邮　　编 / | 100081 | | |
| 电　　话 / | (010)68914775(总编室) | | |
| | (010)82562903(教材售后服务热线) | | |
| | (010)68944723(其他图书服务热线) | | |
| 网　　址 / | http://www.bitpress.com.cn | | |
| 经　　销 / | 全国各地新华书店 | | |
| 印　　刷 / | 定州市新华印刷有限公司 | | |
| 开　　本 / | 889 毫米 × 1194 毫米　1/16 | | |
| 印　　张 / | 14 | 责任编辑 / | 陆世立 |
| 字　　数 / | 281 千字 | 文案编辑 / | 陆世立 |
| 版　　次 / | 2023 年 7 月第 1 版第 2 次印刷 | 责任校对 / | 周瑞红 |
| 定　　价 / | 49.00 元 | 责任印制 / | 边心超 |

图书出现印装质量问题,请拨打售后服务热线,本社负责调换

# 前言

党的二十大报告提出："建设现代化产业体系。坚持把发展经济的着力点放在实体经济上，推进新型工业化，加快建设制造强国、质量强国、航天强国、交通强国、网络强国、数字中国。"在国际制造业面临转型升级、国内经济发展进入新常态的背景下，为推动"岗课赛证"一体化，本教材依据教育部《中等职业学校数控技术应用专业教学标准》和职业教育类型特点，落实立德树人的根本任务，在教学思路中体现"以能力培养为核心，采用任务驱动方式推进理实一体化教学"的教学思路，加强理论与实践的结合，力求体现"学中做、做中学"，参照有关最新"1+X"相关的职业技能标准，结合职教高考的技能考试和机械测绘技能大赛的项目要求编写而成。

本书从中望CAD机械教育版软件的基本操作入手，以项目完成过程为主线，注重学生理解知识、技能的应用领域和应用方法。全书共6个项目，从中望CAD操作的准备和环境介绍入手，按照熟悉工程制图的一般流程，由浅入深，循序渐进，依次介绍应用中望CAD机械教育版软件绘制平面图形、视图、零件图、装配图和三维图形等内容。结合编者多年使用中望CAD的经验，通过实例，介绍中望CAD快捷方法和绘图技巧。

本书"匠心筑梦"以工匠精神为主题，选择在载人航天、卫星导航、核电技术、大飞机制造、智能制造等领域方面的大国工匠。为推进新型工业化，加快建设制造强国、质量强国，每个项目内容后面加了"国标规范"。教材内容方面以易学和实用为指导思想，结合工程实例，通过确立"任务目标"、给出"任务内容"进行"任务分析"，以"知识链接"将任务与知识点紧密联系起来，"任务实施"又把中望CAD的命令学习和绘图方法、技巧融入具体图样绘制的过程中。通过"任务评价"引导学生自我评价学习目标的达成度并进行反思。"任务小结"则是对本任务中的要点进行总结，强化学生记忆要点。"巩固练习"安排的操作训练与任务案例相似，供检查学生任务掌握情况。"拓展练习"题目层次提升，拓展学生能力水平，这样的设计符合分层教学、梯度训练。

本书言简意赅、图文并茂、实例丰富，精选的图例由易到难，操作步骤介绍清晰，便于学生自主学习。本书配有与任务操作相同的视频，以二维码方式呈现，便于学生进一步进行反复学习，使资源呈现立体化，符合移动互联网时代学生获取信息的特点。

本书参考教学时数为 72 学时，各项目学时安排可参见下表：

| 项目 | 教学内容 | 参考学时 | | |
|---|---|---|---|---|
| | | 理论教学 | 实训教学 | 小计 |
| 项目一 | 中望 CAD 机械教育版的基础知识 | 2 | 2 | 4 |
| 项目二 | 平面图形的绘制 | 8 | 8 | 16 |
| 项目三 | 视图的绘制 | 8 | 8 | 16 |
| 项目四 | 零件图的绘制 | 8 | 12 | 20 |
| 项目五 | 装配图的绘制 | 5 | 5 | 10 |
| 项目六 | 三维图形的绘制 | 3 | 3 | 6 |
| 合计 | | 34 | 38 | 72 |

本书由淄博市工业学校崔金华、威海市职业中等专业学校桑玉红任主编，淄博市工业学校李海霞编写了项目一，赵杰编写了项目二和项目四的任务 1、任务 2，刘福军编写了项目三和项目四的任务 3、任务 4，淄博信息工程学校何伟编写了项目五，广州中望龙腾软件股份有限公司黎江龙编写了项目六，淄博市职业教育研究院徐芳编写了各项目思政相关内容，同时参与了提纲编写，青岛西海岸新区职业中等专业学校丁明波参与了图形的绘制等编写工作。全书由崔金华、桑玉红统稿。

由于编者水平有限，错误之处在所难免，敬请读者批评指正。

编　者

2021 年 8 月

# 目录

**项目一　中望 CAD 机械教育版的基础知识** ……………………………………… 1

　　任务 1　软件的安装与认识 ……………………………………………………… 2

　　任务 2　绘图环境的设置 ………………………………………………………… 12

　　任务 3　文字样式和标注样式的设置 …………………………………………… 22

　　任务 4　文件的保存和打印 ……………………………………………………… 29

**项目二　平面图形的绘制** ……………………………………………………………… 37

　　任务 1　绘制锥轴 ………………………………………………………………… 38

　　任务 2　绘制吊钩 ………………………………………………………………… 47

　　任务 3　绘制底板 ………………………………………………………………… 58

　　任务 4　绘制异形板 ……………………………………………………………… 69

**项目三　视图的绘制** …………………………………………………………………… 79

　　任务 1　绘制压块 ………………………………………………………………… 80

　　任务 2　绘制轴承座 ……………………………………………………………… 90

　　任务 3　绘制填料压盖 …………………………………………………………… 102

　　任务 4　绘制支撑座 ……………………………………………………………… 113

## 项目四　零件图的绘制 123

### 任务1　绘制台阶轴 124
### 任务2　绘制阀盖 136
### 任务3　绘制支架 143
### 任务4　绘制齿轮泵体 149

## 项目五　装配图的绘制 158

### 任务1　绘制千斤顶 159
### 任务2　绘制齿轮油泵 173

## 项目六　三维图形的绘制 189

### 任务1　绘制基本实体 190
### 任务2　绘制组合体 195

## 附录 208

## 参考文献 217

# 项目一

# 中望 CAD 机械教育版的基础知识

## 项目概述

中望 CAD 机械教育版由广州中望龙腾软件股份有限公司负责开发，是制造业的二维计算机辅助设计软件，也是一款应用广泛的创新型机械设计软件。该软件具备齐全的机械设计专用功能，具有智能化的图库、图幅、图层和 BOM 表管理工具，可实现绘图环境定制，大幅度提高设计人员的工作效率。

本项目主要通过软件的安装与认识、绘图环境的设置、文字样式和标注样式的设置及文件的保存与打印四个任务来认识中望 CAD 机械教育版，为快速掌握中望 CAD 机械教育版软件打好基础。

如图 1-0-1 所示为本项目思维导图。

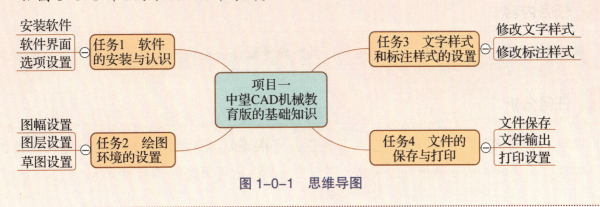

图 1-0-1 思维导图

## 项目目标

### 知识目标

（1）掌握中望 CAD 机械教育版软件的安装方法。

（2）熟悉中望 CAD 机械教育版软件绘图环境的设置、文字样式和标注样式的设置方法。

（3）掌握文件的保存与打印。

### 技能目标

（1）能正确安装中望 CAD 机械教育版软件。

（2）根据要求正确设置中望CAD机械教育版软件的绘图环境。

（3）根据要求正确设置中望CAD机械教育版软件的文字样式和标注样式。

（4）熟练操作文件的保存、输出及打印。

**素养目标**

（1）培养对机械行业岗位的责任感。

（2）培养敬业、精益、专注的工匠精神。

## 任务1 软件的安装与认识

### 任务目标

（1）会正确安装中望CAD机械教育版软件。

（2）掌握中望CAD机械教育版软件工作界面的切换，能根据需要调用工具栏。

（3）能正确设置"选项"参数。

### 任务内容

安装中望CAD机械教育版软件，初步认识经典界面各功能区域，会设置"选项"参数。

### 任务分析

中望CAD机械教育版软件是CAD专业软件，宜在Win7或更高版本的微软官方纯净操作系统下安装。认识软件是正确使用的基础，因此要对软件的界面进行了解和分析。

### 知识链接

### 一、安装软件

**1. 系统要求**

（1）中望CAD机械教育版软件支持微软XP、Vista、Win7、Win8、Win10等的32位或64位操作系统。

为避免因电脑操作系统问题而引起无法预料的安装和使用问题，推荐操作系统为Win7或

中望CAD机械教育版安装视频

更高版本的微软官方纯净操作系统。安装时请暂时退出如 360 安全卫士等维护类的软件，避免安装时文件被误拦截。

（2）中望 CAD 机械教育版需要 Microsoft .NET Framework 4.0 或者更高版本的支持。中望 CAD 机械教育版是基于 .NET 4.0 的架构来开发的，若系统中没有 Microsoft .NET Framework 4.0 或更高版本的话，在安装中望 CAD 机械教育版软件时会提示需要更新 Microsoft .NET Framework 4.0，更新安装完成后再次双击中望 CAD 机械教育版安装包即可正常进行安装。

> **要点提示：**
> 
> （1）中望 CAD 机械教育版不要安装在中文目录下。如安装路径有中文，进行 PDF 虚拟打印时可能会出现"未配置任何打印机"的错误提示。
> 
> （2）中望 CAD 机械教育版不要安装在根目录下，否则会出现无法通过正常途径卸载，也无法安装新版本的情况，只能通过手动删除安装文件、手动清理注册表等方式卸载，或者格式化安装文件所在的硬盘分区。

### 2. 安装过程

（1）双击中望 CAD 机械教育版软件图标，弹出如图 1-1-1 所示的安装界面，进入安装路径选择界面，中望 CAD 机械教育版主程序默认安装在 C 盘。若需要更改安装路径，建议修改盘符即可，盘符后面的目录位置维持原样，安装路径如图 1-1-2 所示。

图 1-1-1　安装中望 CAD 机械教育版

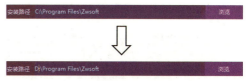

图 1-1-2　安装路径从 C 盘改到 D 盘

（2）勾选同意，单击"安装"按钮，在界面下方出现提示安装进程，如图 1-1-3 所示。安装完成之后单击"完成"按钮，如图 1-1-4 所示，完成中望 CAD 机械教育版软件的安装。

图 1-1-3　正在安装

图 1-1-4　安装完成

（3）双击中望CAD机械教育版软件图标，出现如图1-1-5所示欢迎使用界面。

若单击"试用"按钮，中望CAD机械教育版软件提供30天试用期。

若单击"激活"按钮，选择"激活号激活"→"在线激活"，如图1-1-6所示，输入激活号验证，填写用户信息，单击"确定"按钮，激活成功，如图1-1-7所示，单击"完成"按钮，完成激活。

图1-1-5　欢迎使用界面

图1-1-6　在线激活

图1-1-7　激活成功

## 二、中望CAD机械教育版界面

### 1. 界面的初步认识

如图1-1-8所示为中望CAD机械教育版启动后的界面，上面分布有标题栏、菜单栏、固定工具栏、浮动工具栏、命令栏、状态栏、绘图区域等各功能区域。

中望CAD机械教育版界面

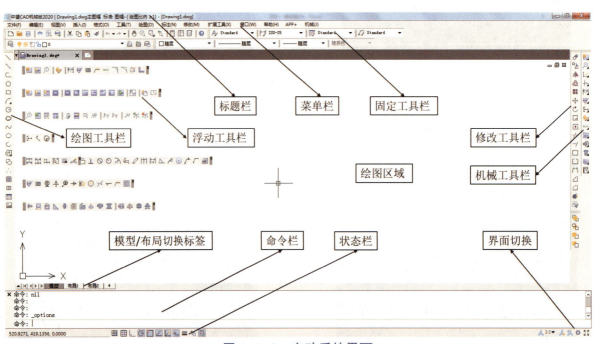

图1-1-8　启动后的界面

> **要点提示:**
> （1）中望 CAD 界面可以在"二维草图与注释"界面和"ZWCAD 经典"界面之间切换，以适应不同的使用习惯。
> （2）工具栏可以拖动以调整位置，可以关闭或者再打开。
> （3）自定义选项设置，调整绘图环境。

**【练一练】**

如图 1-1-8 所示，将常用浮动工具栏分别吸附在绘图工具栏和修改工具栏处。

### 2. ZWCAD 经典界面简介

（1）标题栏：标题栏位于工作界面的最上方，用于显示当前正在运行的程序名及文件名等信息，右侧方括号中显示当前图形的文件名，默认图形文件名为 Drawing1.dwg。单击标题栏右边的按钮，可以最小化、还原或关闭程序窗口。标题栏最左边是应用程序的控制图标，单击它将会弹出一个窗口控制菜单，可以执行最小化或最大化窗口、恢复窗口、移动窗口、关闭程序等操作。

（2）菜单栏：由"文件""编辑""视图"等主菜单组成，几乎包括了 ZWCAD 中全部的功能和命令。菜单栏位于标题栏下方，每一主菜单都有其下拉菜单。单击菜单栏中的"格式"菜单，立即弹出下拉菜单，若下拉菜单后面有"..."符号的，表示选中该命令后将会弹出一个对话框，如图 1-1-9 所示。若想快捷调用线宽设置，也可用快捷键"ALT+W"，同理可快捷调用其他的菜单命令。

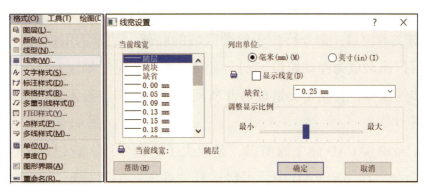

图 1-1-9 "..."表示有对话框

若下拉菜单中带有"▶"标记的，表示还有下一级子菜单，如图 1-1-10 所示。

（3）工具栏：工具栏是由一系列图标按钮构成的，每一个图标按钮表示一条中望 CAD 命令。单击某一按钮，即可调用相应的命令。如果把光标指在某按钮上稍作停顿，屏幕上即会提示该工具按钮的名称，并在状态栏中给出该按钮的简要说明。

在工具栏的双杠上按住鼠标左键拖至绘图区，即变为浮动工具栏，按住蓝色部分可将工具栏移到用户喜欢的地方。单击工具栏右上角的关闭按钮，可以关闭该工具栏。

"绘图工具栏"和"修改工具栏"是绘图过程中常用的工具栏，其图标与菜单中的命令对照如图 1-1-11 所示。

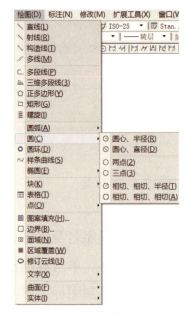

图 1-1-10 "▶"表示有下一级子菜单

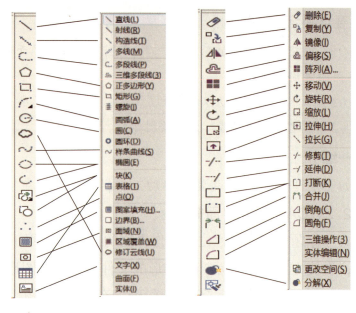

图 1-1-11 绘图工具栏、修改工具栏与菜单中的命令对照

(4) 绘图区：绘图区是用户绘图的工作区域。所有的绘图结果都反映在这个窗口中。可以根据需要关闭其周围和里面的各个工具栏，以增大绘图空间。如果图纸比较大，需要查看未显示部分，可以单击窗口右边和下边的滚动条上的箭头，或拖动滚动条上的滑块来移动图纸。光标在绘图区显示为十字形，当光标移出绘图区指向工具栏、菜单栏等项时，光标显示为箭头形式。

在绘图区左下角显示坐标系图标。坐标原点（0，0）位于图纸左下角。$X$ 轴为水平轴，向右为正；$Y$ 轴为垂直轴，向上为正；$Z$ 轴方向垂直于 $XY$ 平面，指向绘图者为正向。

(5) 命令行与文本窗口：命令行位于绘图区域的底部，是显示用户与中望 CAD 对话信息的地方，命令行可以拖动成为浮动窗口。初学者在绘图时，应时刻注意该区的提示信息，根据提示，确定下一步的操作，否则将会造成答非所问的错误操作。若无意中隐藏了提示区，可用"Ctrl+9"将其打开。

文本窗口是记录中望 CAD 命令的窗口，是放大了的命令行，它记录了已执行的命令，也可以用来输入新命令。在中望 CAD 中，可以选择"视图"→"显示"→"文本窗口"命令、执行 TEXTSCR 命令或按"F2"键来打开文本窗口。

(6) 状态栏：状态栏在工作界面的最下面，用来显示当前的操作状态，如当前的光标的坐标、命令和按钮的说明等，如图 1-1-12 所示。

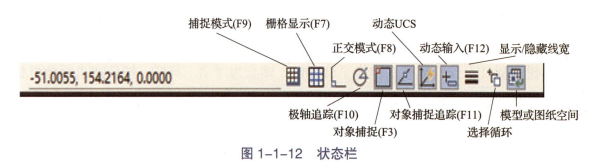

图 1-1-12 状态栏

## 三、ZWCAD 的基本操作

### 1. 鼠标

鼠标的功能见表 1-1-1 所示。

表 1-1-1  鼠标的功能

| 左键 | 右键 | 滚轮 |
|---|---|---|
| ①拾取（选择）对象<br>②选择菜单<br>③输入点<br>在绘图区直接单击一点或捕捉一个特征点 | ①确认拾取<br>②确认默认值<br>③终止当前命令<br>④重复上一条命令<br>⑤弹出快捷菜单 | ①转动滚轮，可实时缩放<br>②按住滚轮并拖动鼠标，可实时平移<br>③双击滚轮，可实现显示全部 |

### 2. 键盘

键盘的功能见表 1-1-2 所示。

表 1-1-2  键盘的功能

| 空格键 | 回车（Enter）键 | Esc 键 | Del 键 |
|---|---|---|---|
| ①结束数据的输入或确认默认值<br>②结束命令<br>③重复上条命令 | 与空格键基本相同 | 取消当前命令 | 选择对象后，按下该键将删除被选择的对象 |

### 3. 命令的输入

（1）单击命令按钮。

（2）从菜单栏中选取命令。

（3）用键盘输入命令名，随后按空格键确认。

### 4. 命令的终止

（1）当一条命令正常完成后将自动终止。

（2）在执行命令过程中按"Esc"键终止当前命令。

（3）按空格键或"Enter"键或右击选择"确定"结束命令。

（4）从菜单栏或工具栏中调用另一命令时，将自动终止当前正在执行的绝大部分命令。

### 5. 选择对象

选择对象的三种默认方式。

（1）点取方式：选择对象时，直接移动光标点取需要的对象。

（2）交叉方式：选择对象时，鼠标从右至左框选所选对象（选区为绿色），只要包含部分元素即为有效对象。

（3）窗口方式：选择对象时，鼠标从左至右框选所选对象（选区为蓝色），必须所有元素都在选择框内有效。

## 任务实施

### 做中学

#### 1. 安装中望 CAD 机械教育版软件

（1）同学们可以看软件的安装视频，明确安装的方法，注意安装过程的操作步骤。

（2）有条件的话，可以自己安装中望 CAD 机械教育版软件。

#### 2. 认识中望 CAD 机械教育版软件界面

（1）双击中望 CAD 机械教育版软件图标 ，进入"ZWCAD 经典"界面，如图 1-1-13 所示。

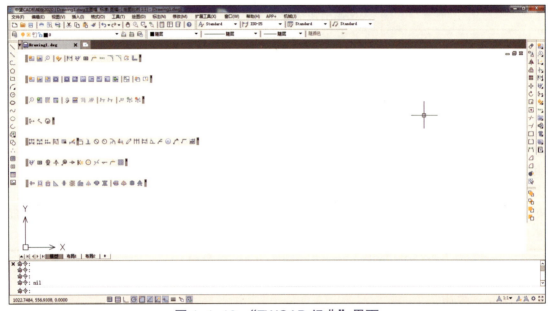

图 1-1-13 "ZWCAD 经典"界面

单击软件右下角的工作空间切换按钮 ⚙，弹出界面选择面板，如图 1-1-14 所示。

单击"二维草图与注释""ZWCAD 经典"即可在"ZWCAD 经典"界面和"二维草图与注释"界面之间任意切换，如图 1-1-15 为"二维草图与注释"界面。

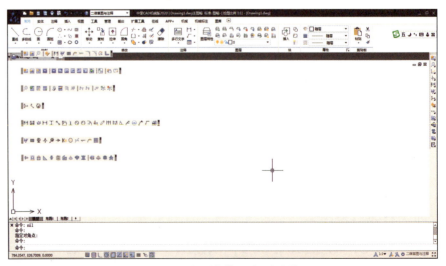

图 1-1-14 界面切换　　　　图 1-1-15 "二维草图与注释"界面

（2）拖动浮动工具栏，可以调整工具栏的位置。把工具栏拖动至绘图窗口的上边、左边或右边，工具栏会自动吸附。如图1-1-16为工具栏向上吸附。也可以单击最右边的按钮关闭工具栏，使其不显示在界面上。

若要把关闭掉的工具栏重新显示在界面上，可在工具栏空白处右击，勾选需要显示的工具栏即可，如图1-1-17所示。

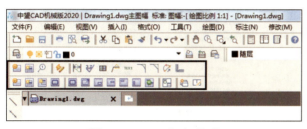

图1-1-16　向上吸附

图1-1-17　显示工具栏

### 3. "选项"设置

打开"选项"对话框采用如下三种方式：单击菜单栏中的"工具"菜单，再单击"选项"菜单；或在命令行中输入"OP"后按回车键执行命令；还可以在"绘图区域"右键单击打开"选项"窗口，如图1-1-18所示。

（1）"打开和保存"选项卡：可以设置保存文件格式，默认为DWG格式。还可以设置为R14、2000、2004、2007、2010、2013、2018格式。软件默认打开自动保存功能，每10分钟保存一次。可以自定义自动保存的时间。

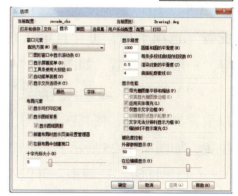

图1-1-18　"选项"窗口

（2）"文件"选项卡：可以设置自动保存文件的位置，如图1-1-19所示。

（3）"显示"选项卡：将圆和圆弧的平滑度数值改成"10000"，所画的圆和圆弧更加平滑。单击"颜色"按钮，弹出如图1-1-20所示的"图形窗口颜色"窗口，可以修改背景、布局、打印预览、命令行等窗口的颜色。

图1-1-19　设置自动保存文件的位置

图1-1-20　"图形窗口颜色"窗口

拖动"显示"选项卡左下角的滑块可以调整十字光标的大小，默认为5，如图1-1-21所示。

图1-1-21　调整十字光标大小

（4）"草图"选项卡：拖动"靶框大小"滑块可以调整靶框的大小，如图1-1-22所示。

（5）"选择集"选项卡：拖动"拾取框大小"滑块可以调整拾取框的大小，使其更加方便准确地选中图形，一般将滑块拖到中间为宜，如图1-1-23所示。

图1-1-22　调整靶框大小

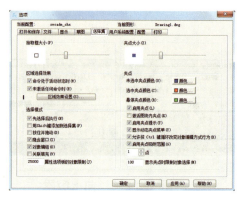

图1-1-23　调整拾取框大小

（6）"用户系统配置"选项卡："用户系统配置"选项卡内，可"自定义右键单击"内容，一般默认设置，如图1-1-24所示。

（7）"配置"选项卡："配置"选项卡中可以重置界面设置，使其恢复到软件默认的界面位置，如图1-1-25所示。

（8）"打印"选项卡：可以对图形进行基本打印设置，如图1-1-26所示。

图1-1-24　"用户系统配置"选项卡

图1-1-25　"配置"选项卡

图1-1-26　"打印"选项卡

## 任务小结

中望CAD机械教育版安装注意事项。

（1）中望CAD机械教育版资源包安装路径默认在C盘。

（2）不要将软件安装在中文目录或根目录下。

（3）在线激活时，输入激活号后必须验证。

## 巩固练习

（1）安装中望CAD机械教育版，安装过程中注意要点。

（2）如表1-1-3所示，请根据表中给出的命令图标填出对应的名称。

表1-1-3　常用绘图命令

| 图标 | \ | \ | ⌒ | ⬠ | ▭ | ⌒ | ⊙ | ⌬ | ∿ | ○ | ⌒ | ⇲ | ⊚ | ∴ | ▦ | ◉ | ▦ | ▤ |
|------|---|---|---|---|---|---|---|---|---|---|---|---|---|---|---|---|---|---|
| 名称 | | | | | | | | | | | | | | | | | | |

## 任务评价

如表1-1-4所示，根据学生自评、组内互评和教师评价将各项得分，以及总评内容和得分填入表中。

表1-1-4　考核评价表

| 任务内容 | | 评价内容 | 配分 | 学生自评 | 组内互评 | 教师评价 |
|---|---|---|---|---|---|---|
| 软件的安装与认识 | 安装软件 | 安装路径正确 | 15 | | | |
| | | 激活成功 | 10 | | | |
| | 软件界面 | 清楚界面各区域的功能及作用 | 10 | | | |
| | | 调整工具栏位置 | 5 | | | |
| | 选项设置 | 更改默认保存格式 | 5 | | | |
| | | 更改自动保存的时间 | 5 | | | |
| | | 更改自动保存的文件夹位置 | 5 | | | |
| | | 修改绘图背景颜色 | 5 | | | |
| | | 调整十字光标大小 | 5 | | | |
| | | 调整拾取框大小 | 5 | | | |
| 巩固练习 | 安装软件 | | 30 | | | |
| 总计得分 | | | 100 | | | |

**拓展练习**

按如下要求进行选项设置。

（1）文件自动保存的位置为 C 盘 / 桌面 / 中望 CAD，自动保存的时间为 5 分钟。

（2）显示窗口元素配色方案为"明"，背景颜色为"白色"，十字光标大小为 10。

## 任务 2　绘图环境的设置

**任务目标**

（1）掌握图幅项目的设置方法。

（2）掌握图层项目的设置方法。

（3）掌握草图设置项目的设置方法。

**任务内容**

完成表 1-2-1 所示中望 CAD 机械教育版绘图环境的设置。

表 1-2-1　绘图环境设置

| 项目名称 | | 项目要求 | |
| --- | --- | --- | --- |
| 图幅 | | 大小 | A3 |
| | | 绘图比例 | 1∶1 |
| | | 布置方式 | 横置 |
| 图层 | 粗实线层 | 颜色：白色 | 线宽：0.5 |
| | 中心线层 | 颜色：红色 | 线宽：0.25 |
| 草图设置 | 捕捉和栅格 | 捕捉间距 | 5 |
| | | 栅格间距 | 10 |
| | 对象捕捉 | 端点、中点、象限点、垂足、切点 | |

**任务分析**

中望 CAD 机械教育版绘图环境主要设置图幅的样式，图层的线型、线宽、颜色，草图中的捕捉和栅格、对象捕捉。

## 知识链接

### 一、图幅设置

中望CAD机械教育版对于图幅设置和标题栏选用比较简单，用户在绘图过程中，可以使用命令直接调用软件中已经生成的图幅和标题栏，只需要根据绘图需求做简单设置，具体操作如下。

单击工具图标，或输入"TF"后确认，也可在单击菜单"机械"→"图纸"→"图幅设置"，弹出"图幅设置"对话框，如图1-2-1所示。

图幅设置参数如下。

（1）图幅大小：A0、A1、A2、A3、A4五种图幅中勾选一种。

（2）布置方式：可选"横置"或"纵置"。

（3）绘图比例：下拉列表中选择比例数值或通过单击 按钮测量得出绘图比例。

（4）标题栏/明细栏：勾选标题栏前面的复选框，可在标题栏/明细栏下拉列表中选择标题栏和明细栏的样式，如图1-2-2所示。

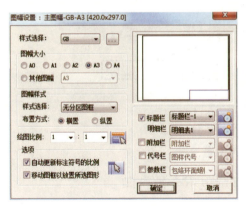

图1-2-1 图幅设置

图1-2-2 标题栏/明细栏选用

单击"确定"，此时出现命令行提示"请选择新的绘图区域中心及更新比例的图形"，在绘图环境中选择适当位置作为图框的初始位置（若直接按回车键，图框将在坐标原点处生成），此时图幅设置完毕。

### 二、图层设置

中望CAD机械教育版的图层理解为一张透明的纸，用户在绘制图形时可以任意选择其中的某个图层进行操作，而不会受到其他图层上图形的影响；可根据需要将某个图层显示出来以方便定位，或将某个图层隐藏起来，以避免干扰；还可根据需要自行设置不同的图层及图层参数。

### 1. 新建、删除、设置当前图层

单击图层管理中"图层特性"工具图标 或在命令行输入"LAYER"后单击空格键，弹出"图层特性管理器"对话框，如图 1-2-3 所示。

如图 1-2-3 所示，单击 按钮可新建图层，用户根据需要可创建多个图层；单击 按钮可将选定图层设置为当前图层，也是用户具体绘图操作的图层；单击 按钮可删除选定图层；双击图层名称或右键单击图层名称可对图层进行重命名。

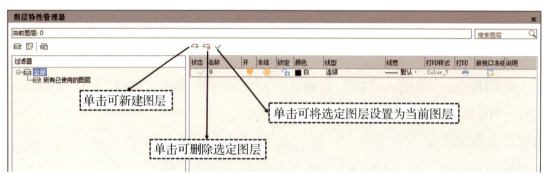

图 1-2-3 新建、删除、设置当前图层

### 2. 图层状态

图层共有打开/关闭、冻结/解冻、锁定/解锁三种状态，如图 1-2-4 所示。

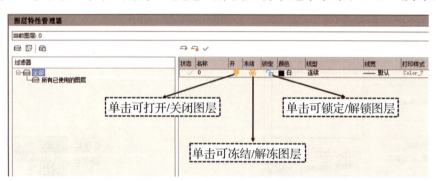

图 1-2-4 图层状态的设置

（1）图层的关闭。处于关闭图层上的对象既不会显示也不会被打印。

（2）图层的冻结。处于冻结图层上的对象既不能被显示，也不能参加图形之间的运算。用户不能对当前图层进行冻结操作。

（3）图层的锁定。处于锁定图层上的对象既能显示出来，也能被选择，但不能对该图层上的对象进行修改。因此可将锁定图层上的对象理解为具有"只读"属性。

### 3. 图层颜色、线型、线宽设置

软件启动后的图层特性管理器中只有"0层"，若执行"机械"菜单中任意一个命令（例如智能标注"D"）后，单击"图层特性"工具图标，弹出"图层特性管理器"对话框，如图 1-2-5 所示。

（1）颜色设置：单击某一图层的颜色，弹出"选择颜色"对话框，如图 1-2-6 所示。选中颜色后单击"确定"，颜色修改完成。

项目一 中望CAD机械教育版的基础知识

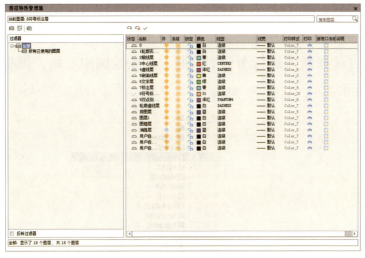

图1-2-5 图层特性管理器

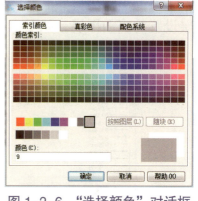

图1-2-6 "选择颜色"对话框

（2）线型设置：系统默认只提供"连续"一种线型（如果执行机械菜单中任意指令后，图层中相应的线型已设置），如需要中心线和虚线等其他线型，可进行如下操作。

单击新建图层的"线型"，弹出"线型管理器"对话框，如图1-2-7所示。

单击"加载"，弹出如图1-2-8所示的"添加线型"对话框，选中需要的线型，单击"确定"，回到"线型管理器"对话框。

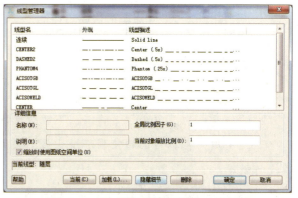

图1-2-7 "线型管理器"对话框

再选中需要的线型，如图1-2-9所示。单击"确定"，即图层线型加载完成。

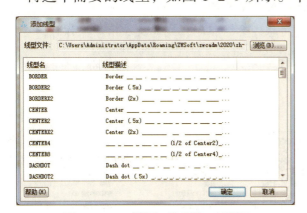

图1-2-8 "添加线型"对话框

图1-2-9 选中线型

"全局比例因子"用来确定图形中所有线型的总体比例。

默认的"全局比例因子"是1，更改"全局比例因子"的数值，图形线型的缩放比例随之更改，会重新生成图形。如有时画出的中心线显示是一段细实线时，减小"全局比例因子"的数值就会显示成细点画线。

（3）线宽设置：单击图层线宽，弹出"线宽"设置对话框，选中所要选择的线宽宽度单击

"确定"按钮,完成轮廓实线层线宽的设置,如图1-2-10所示。如所绘图形未按相应线宽显示,则需打开状态栏"显示/隐藏线宽"。

图层设置根据用户设置完成后,即可选择线型进行图形的绘制,如要绘制中心线,则将中心线层设置为当前图层,如图1-2-11所示。

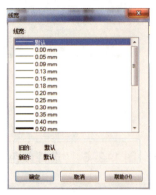

图1-2-10 "线宽"设置对话框

图1-2-11 当前图层设置

**要点提示:**

(1)系统自动提供的图层为初始层(默认层)。该层状态为打开且解冻、层名为"0"、线型为"连续"、颜色为"白色"等。该层不能被删除。

(2)用户根据自己的使用环境设置好图层,并将该图层保存为模板文件,方便以后使用,提高操作效率。

(3)每新建一个图纸,图层不会自动创建,需要执行机械菜单中任意一个命令之后,才会自动启用中望CAD机械教育版设置好的系列图层。

(4)从可见性来说,冻结的图层与关闭的图层是相同的,但前者不参加运算,后者则要参加运算,所以在复杂的图形中冻结不需要的图层可以加快系统运行速度。

(5)当对多个图层进行相同的设置时,如设置相同的线型、颜色、线宽及冻结等操作时,可按下键盘上的Shift键或Ctrl键进行连续拾取,然后对图层的状态和特性进行设置、修改。

【练一练】

将图层中"轮廓线层"名称改为"粗实线层",并设置为当前图层,修改"全局比例因子"为0.5。

## 三、草图设置基本知识

单击菜单栏"工具"选项卡,选择"草图设置",弹出"草图设置"对话框,如图1-2-12所示,可设置捕捉和栅格、对象捕捉、极轴追踪及动态输入等。

### 1."捕捉和栅格"选项卡

单击"捕捉和栅格"选项卡,弹出"捕捉和栅格"选项卡对话框,如图1-2-12所示。在该对话框中,可以

图1-2-12 "草图设置"对话框

根据需要对捕捉间距和栅格间距进行设置，利用栅格快速定位，将图形有规律的部分快速绘制出来。

注意：对于不在栅格上的对象，可将栅格关闭后再进行绘制。

### 2. "对象捕捉"选项卡

"对象捕捉"可以使用拾取框很方便地捕捉一些特殊点，以提高绘图的精度和效率。

（1）对象捕捉模式：打开草图设置的"对象捕捉"选项卡，勾选"对象捕捉模式"各选项前的复选框，表示被选中，否则表示未被选中，如图1-2-13所示。

注意：使用对象捕捉时，必须勾选"启用对象捕捉"或将状态栏上的"对象捕捉"打开，并且设置相应的捕捉模式选项。

图1-2-13 "对象捕捉"选项卡

（2）对象捕捉追踪：勾选"启用对象捕捉追踪"或将状态栏上的"对象捕捉追踪"打开，在所选一个绘图命令后，将十字光标移动到一个对象的捕捉点处，当显示出捕捉点标识之后，移动鼠标将显示相对于获取点的水平、垂直或极轴对齐的追踪线。

### 3. "极轴追踪"选项卡

单击"极轴追踪"选项卡，弹出"极轴追踪"选项卡对话框，如图1-2-14所示。该选项卡用于设置极坐标追踪及实际上特殊点捕捉轨道追踪功能。

图1-2-14 "极轴追踪"选项卡

极坐标追踪功能是当按命令行要求输入一个点后，光标能够沿着所设置的极坐标方向形成一条临时捕捉线，可在该捕捉线上输入点，这样使作图非常方便、准确。

（1）"极轴角设置"选项组中，"增量角度"文本框用于输入极坐标追踪方向常用的角度增量，单击右侧下拉箭头，在下拉列表框中可以选择角度；当勾选"附加角"复选框后，单击"新建N"按钮或"删除"按钮，可在开始时加入或删除一个带有附加角增量的极坐标追踪角度。

（2）"对象捕捉追踪设置"选项组用于设置对象捕捉追踪模式。"仅正交追踪"被选中，在实体上特殊点捕捉轨道追踪功能打开时，只允许光标沿正交（水平/垂直）捕捉线进行实体上特殊点捕捉轨道追踪；"用所有极轴角设置追踪"被选中，在实体上特殊点捕捉轨道追踪功能打开时，允许光标沿设置的极轴角追踪线进行实体上特殊点捕捉轨道追踪。

（3）"极轴角测量"选项组用于设置极坐标追踪的角度测量基准。"绝对"表示以当前$X$、$Y$轴为基准测量极坐标追踪角度；"相对上一段（R）"表示以当前刚建立的一条直线段，或刚创建的两个点的连线为基准测量极坐标追踪角度。

#### 4. "动态输入"选项卡

打开草图设置的"动态输入"选项卡对话框,如图 1-2-15 所示。勾选选项后单击"确定"或将状态栏上的动态输入打开,在绘图命令操作时会出现操作提示,提高绘图效率。

"3 维设置"和"选择循环"命令在绘图时很少用到,这里不予介绍。

图 1-2-15 "动态输入"选项卡

> **要点提示:**
>
> (1)命令行输入"OS"或"DS"后按回车键,直接弹出"草图设置"对话框;鼠标右键单击状态栏相应的图标按钮,在弹出的快捷菜单中选择"设置"选项也会快速弹出"草图设置"对话框。
>
> (2)"对象捕捉"为透明命令,可在进行其他操作期间进行设置。一般情况下只需打开端点、中点、圆心、交点、象限点、延伸、垂足、切点这 8 种常用模式,其他的模式可在需要时再打开,以免捕捉对象时相互干扰。另外若按下"Ctrl+右键",可临时打开对象捕捉命令。
>
> (3)对象捕捉是一种特殊点的输入方法,只有在调用某个命令需要指定点时才能使用,不能单独操作。
>
> (4)执行"对象捕捉"命令时,在捕捉点上暂停可从该点追踪,当移动光标时会出现追踪矢量,在该点再次暂停可停止追踪。
>
> (5)要使用"对象捕捉追踪"功能必须保证状态栏中的"对象捕捉"和"对象捕捉追踪"两项功能同时处于打开状态。

**【练一练】**

按如下要求设置草图设置参数。

(1)设置对象捕捉模式捕捉端点、节点、中心、插入点,并启用对象捕捉和对象捕捉追踪。

(2)启用极轴追踪,并设置增量角度为 45°,对象捕捉追踪设置为仅正交追踪。

## 任务实施

### 做中学

#### 1. 图幅设置

输入"TF"后确认,弹出"图幅设置"对话框,如图 1-2-16 所示。选择图幅大小为"A3",选择布置方式为"横置",选择绘图比例为"1∶1",单击"确定"。

此时出现命令行提示"请选择新的绘图区域中心及更新比例的图形"。在绘图环境中选择适当位置作为图框的初始位置(若直接按回车键,图框将在坐标原点处生成),此时图幅设置完毕,结果如图 1-2-17 所示。

图 1-2-16 图幅设置

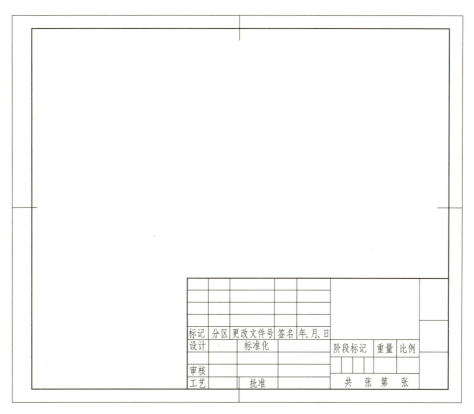

图 1-2-17 设置好的图纸

### 2. 图层颜色、线宽的设置

（1）单击图层管理中"图层特性"工具图标，弹出"图形特性管理器"对话框，单击该"轮廓实线层"的颜色，弹出"选择颜色"对话框，选择白色，如图 1-2-18 所示，单击"确定"，修改层颜色为白色。同样操作修改"中心线层"的颜色为红色。

（2）单击"轮廓实线层"的线宽，弹出"线宽"设置对话框，单击所要选择的线宽宽度为 0.5mm，单击"确定"按钮，完成轮廓实线层线宽的设置，如图 1-2-19 所示。同样操作修改"中心线层"的线宽为 0.25mm。如所绘图形未按相应线宽显示，则需打开状态栏"显示/隐藏线宽"。

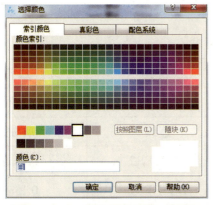

图 1-2-18 "选择颜色"对话框

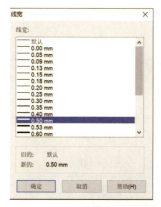

图 1-2-19 "线宽"设置

### 3. 草图设置

（1）设置栅格：右击状态栏上的"栅格"→"设置"，弹出"捕捉和栅格"对话框，将"启用捕捉"和"启用栅格"复选框分别选中，将捕捉间距和栅格间距分别设置为"5"和"10"，单击"确定",如图1-2-20所示。

(2)设置捕捉模式:右击状态栏上的"对象捕捉"→"设置",弹出"对象捕捉"对话框,勾选"端点""中点""象限点""垂足""切点",如图1-2-21所示。

 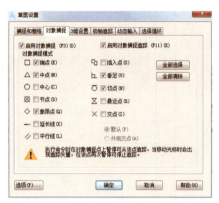

图1-2-20 "捕捉和栅格"选项卡设置　　　　图1-2-21 "对象捕捉"模式勾选

## 任务小结

中望机械常用操作快捷命令如表1-2-2所示。

表1-2-2　中望机械常用操作快捷命令一览表

| 项目 | 快捷键 | 项目 | 快捷键 |
| --- | --- | --- | --- |
| 图幅 | TF | 图层 | LA |
| 新图幅 | TF2 | 线型 | LT |
| 草图 | DS 或 OS | 线宽 | LW |

## 巩固练习

(1)请按表1-2-3所示的图层设置要求设置图层。

表1-2-3　图层设置要求

| 序号 | 图层名称 | 颜色 | 线型 | 线宽 |
| --- | --- | --- | --- | --- |
| 1 | 粗实线 | 白色 | 连续 | 0.3mm |
| 2 | 细实线 | 黄色 | 连续 | 0.15mm |
| 3 | 细点画线 | 洋红 | CENTER2 | 0.15mm |
| 4 | 虚线 | 蓝色 | DASHED2 | 0.15mm |
| 5 | 细双点画线 | 红色 | PHANTOM4 | 0.15mm |
| 6 | 尺寸线 | 绿色 | 连续 | 0.15mm |
| 7 | 文字 | 绿色 | 连续 | 0.15mm |

（2）将粗实线图层的线宽设置为 0.4mm，其余图层的线宽设置为 0.2mm，图层名称、颜色、线型不得修改。打开线宽显示。

## 任务评价

如表 1-2-4 所示，根据学生自评、组内互评和教师评价将各项得分，以及总评内容和得分填入表中。

表 1-2-4　考核评价表

| 任务内容 | 评价内容 | | 配分 | 学生自评 | 组内互评 | 教师评价 |
|---|---|---|---|---|---|---|
| 绘图环境的设置 | 图层设置 | 线型设置 | 10 | | | |
| | | 颜色设置 | 10 | | | |
| | 草图设置 | 捕捉和栅格 | 10 | | | |
| | | 对象捕捉 | 20 | | | |
| | | 极轴追踪 | 20 | | | |
| 巩固练习 | 图层设置 | | 30 | | | |
| 总计得分 | | | 100 | | | |

## 拓展练习

按表 1-2-5 要求修改图层的属性，背景底色为白色，并显示线宽。

表 1-2-5　图层属性

| 名称 | 颜色 | 线宽 |
|---|---|---|
| 轮廓实线层 | 黑色 | 0.4mm |
| 虚线层 | 黄色 | 0.2mm |
| 细线层 | 绿色 | 0.2mm |
| 中心线层 | 红色 | 0.2mm |
| 剖面线层 | 绿色 | 0.2mm |
| 尺寸及精度标注层 | 绿色 | 0.2mm |
| 文字层 | 红色 | 0.2mm |

## 任务 3　文字样式和标注样式的设置

**任务目标**

（1）掌握调用、修改文字样式的方法。
（2）掌握调用、修改标注样式的方法。

**任务内容**

按下列要求设置文字样式和标注样式参数。
（1）中文字体为"仿宋"，宽度因子为"0.7"。
（2）数字和字母字体按软件默认。
（3）按下列要求修改标注样式"Standard"。
①尺寸界线颜色改为"随块"。
②箭头大小改为"7"mm。
③文字高度改为"7"mm。
④尺寸文本与尺寸线偏移距离改为"1"mm。
⑤去除文本边框。

**任务分析**

中望CAD机械教育版提供了多种文字样式和标注样式，只需调用"文字样式管理器"和"标注样式管理器"对话框，根据要求对其中的参数进行修改即可。

**知识链接**

**做中教**

### 一、"文字样式管理器" 的参数设置

执行"机械"菜单中任意一个命令（例如智能标注"D"）后，单击固定工具栏上的按钮，弹出"文字样式管理器"对话框，如图1-3-1所示。

**1. 字体**

单击"当前样式名"右侧下拉箭头，显示中望CAD

图1-3-1　文字样式管理器

机械教育版提供的 8 种文字样式，其中"Standard"为默认样式，如图 1-3-2 所示。每一种文字样式对应一种文本字体，如图 1-3-3 所示。

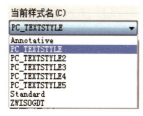

图 1-3-2　文字样式名

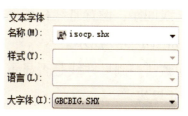

图 1-3-3　文本字体名称

### 2. 编辑文字样式

（1）单击"新建"，弹出"新文字样式"对话框，如图 1-3-4 所示，填写自定义的"样式名称"，单击"确定"，完成文字样式名称的设置，选择需要的文本字体、文字高度、宽度因子、倾斜角数值等参数，再单击"确定"，即可新建文字样式。

图 1-3-4　"新文字样式"对话框

（2）单击"重命名"，可修改当前文字样式名称，单击"确定"完成修改。单击"删除"则删除当前文字样式。

## 二、"标注样式管理器"的参数设置

若执行"机械"菜单中任意一个命令（例如智能标注"D"）后，单击固定工具栏按钮，弹出"标注样式管理器"对话框，如图 1-3-5 所示。

单击"置为当前"，则把选中样式设置为当前标注样式。

单击"新建"，输入新样式名，选择相应的参数则创建一种新的标注样式。

单击"重命名"，重新定义选中标注样式名称。

单击"替代"，选中标注样式替换当前标注样式。

单击"修改"，可对选中标注样式进行编辑，下面着重介绍标注样式的修改。

### 1."标注线"选项卡

在图 1-3-6 所示的"标注线"选项卡中可设置尺寸线、尺寸界线的格式等参数。

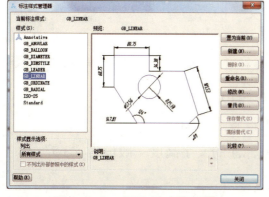

图 1-3-5　标注样式管理器

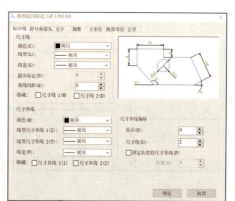

图 1-3-6　"标注线"选项卡

1）尺寸线

（1）颜色、线型和线宽：用于指定尺寸线的颜色、线型和线宽，一般设为"随层"。

（2）基线间距：设置基线标注时相邻两尺寸线间的距离，一般机械标注中基线间距设置为8~10mm，如图1-3-7所示。

（3）隐藏：控制尺寸线是否显示，有隐藏"尺寸线1"和隐藏"尺寸线2"两种效果。

2）尺寸界线

（1）颜色、线宽、尺寸界线1和尺寸界线2的线型：用于指定尺寸界线的颜色、线型和线宽，一般设为"随块"。

（2）尺寸界线偏移："原点"是指设置尺寸界线起点到图形轮廓线之间的距离，一般机械标注设为"0"。"尺寸线"指设置尺寸界线超出尺寸线的长度，一般为2mm，如图1-3-8所示。

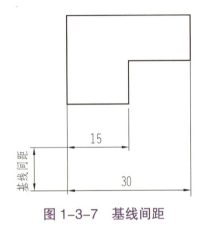

图1-3-7　基线间距 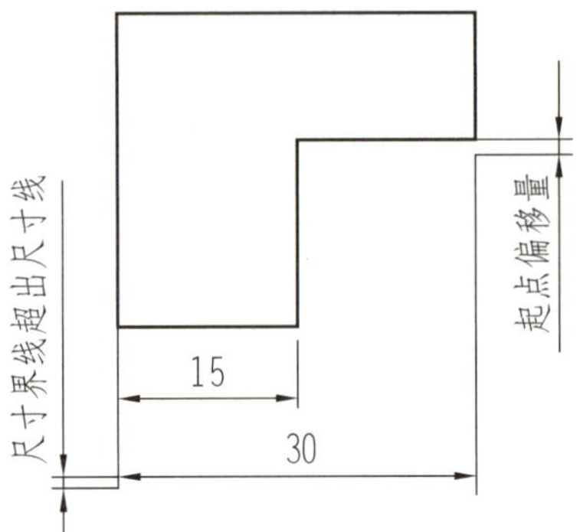　　　　　　　图1-3-8　尺寸界线偏移

（3）隐藏：控制尺寸界线是否显示，有隐藏"尺寸界线1"和隐藏"尺寸界线2"两种效果。

## 2．"符号和箭头"选项卡

如图1-3-9所示的"符号和箭头"选项卡中可设置箭头、圆心标记的形式、大小及折弯标注等参数。

箭头用于指定箭头的形式和大小，机械标注箭头均为"实心闭合"形式，大小可按图形大小调整，一般设置为3.5mm。

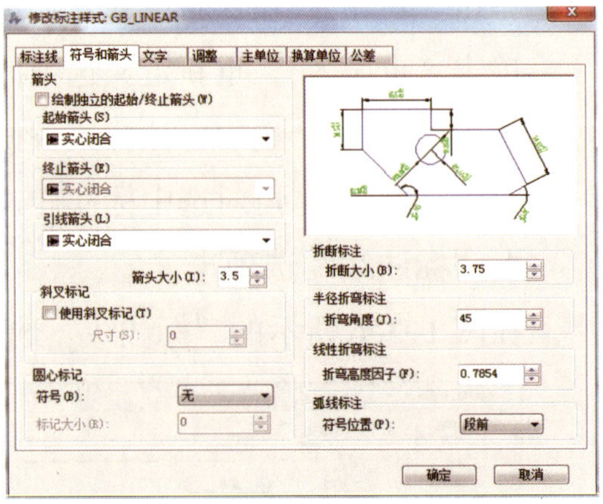

## 3．"文字"选项卡

在如图1-3-10所示的"文字"选项卡中可设置文字的外观、位置及文字方向等参数。

图1-3-9　"符号和箭头"选项卡

1）文字外观

（1）文字样式：用于设置尺寸标注时所使用的文字样式。

（2）文字颜色：用于设置标注文字的颜色，一般设置成"随层"。

（3）文字高度：用于设置标注文字的高度，机械标注的文字高度一般设为"3.5"。

2）文字位置

（1）垂直：用于设置标注文字相对于尺寸线的垂直位置，有"置中""上方""外部"

"JIS""下方"5 种情况，机械标注选择"上方"。

（2）水平：用于设置标注文字在尺寸线方向上相对于尺寸界线的水平位置，有"居中""第一条尺寸界线""第二条尺寸界线""第一条尺寸界线上方""第二条尺寸界线上方"5 种情况。机械标注选择"居中"。

（3）文字垂直偏移：用于设置标注文字离尺寸线的距离，机械标注可选取 1mm。

图 1-3-10　"文字"选项卡

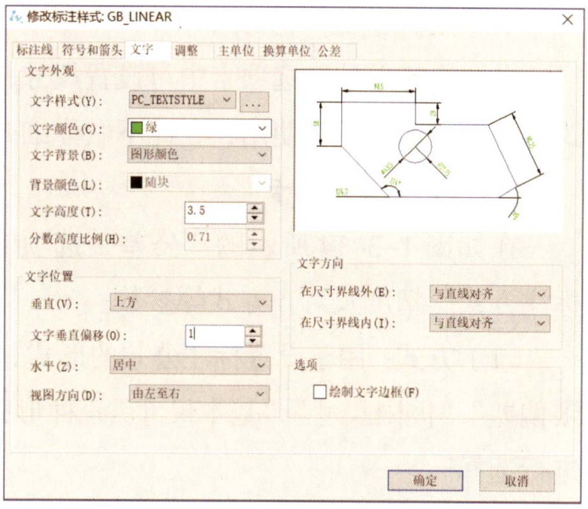

### 3）选项

绘制文字边框：用于控制是否在标注文字周围绘制矩形边框，一般不选中该选项。

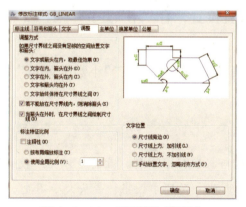

## 4. "调整"选项卡

"调整"可设置标注文字、箭头的放置位置，以及是否添加引线等参数，如图 1-3-11 所示。

"标注特征比例"用于设置全局标注比例值。"使用全局比例"中的比例将影响尺寸标注中各组成元素的显示大小，但不更改标注的测量值，如图 1-3-12 所示。

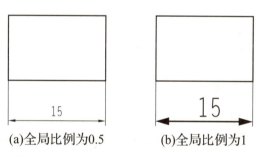

图 1-3-11　"调整"选项卡

(a)全局比例为0.5　(b)全局比例为1

图 1-3-12　全局比例对尺寸标注的影响

## 5. "主单位"选项卡

"主单位"可设置单位格式为小数，可选用小数的精度为 0.00，小数分隔符为","（逗号）或"."（句点），一般选用句点。

用户应根据绘图比例的不同，在"测量单位比例"选项组的"比例因子"文本框中输入相应的线性尺寸测量单位的比例因子，以保证所标注的尺寸为物体的实际尺寸。如采用 1∶2 的比例绘图时，测量单位的比例因子应设为 2；采用 2∶1 的比例绘图时，测量单位的比例因子应设为 0.5，如图 1-3-13 所示。

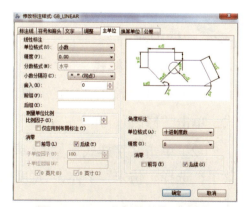

图 1-3-13　"主单位"选项卡

#### 6. "换算单位"选项卡

在"换算单位"选项卡中可设置尺寸标注中换算单位的显示，以及不同单位之间的换算格式和精度，因为不常使用，在此不做详细介绍。

#### 7. "公差"选项卡

在如图 1-3-14 所示的"公差"选项卡中可设置公差标注方式、精度及对齐方式等参数。

（1）方式：用于设置标注公差的形式，有"对称""极限偏差""极限尺寸""基本尺寸"4 种形式，可根据需要进行选择。

（2）精度：用于设置公差值的精度，即公差值保留的小数位数。

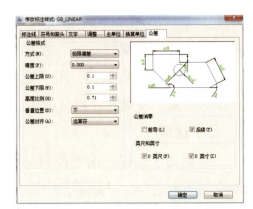

图 1-3-14 "公差"选项卡

（3）公差上限：用于设定上极限偏差值。

（4）公差下限：用于设定下极限偏差值。

（5）高度比例：用于设置公差文字高度相对于基本尺寸文字高度的比例，若为 1，则公差文字高度与公称尺寸文字高度一样。

（6）垂直位置：用于设置公差值在垂直方向的放置位置，有"下""中""上"3 种位置，机械标注一般选择"中"。

（7）公差对齐：用于设置尺寸公差上下极限偏差值的对齐方式，有"小数分隔符"和"运算符"两种对齐方式，通常选择"运算符"。

> **要点提示：**
> 将图形放大打印时，尺寸数字、箭头也随之放大，这与机械标准不符。此时可以把"使用全局比例"的值设为图形放大倍数的倒数，就能保证出图时图形放大而尺寸数字、箭头大小不变。

## 任务实施

### 做中学

#### 1. 修改文字样式

（1）命令行输入"DD"，弹出"标注样式管理器"对话框，选中"GB_LINEAR"标注样式，单击"修改"，弹出"文字"选项卡，如图 1-3-15 所示。

（2）单击文字样式后 ，弹出"文字样式管理器"对话框，单击文本字体名称选项下拉菜单，选择"仿宋"字体，"宽度因子"输入 0.7，单击"确定"，如图 1-3-16 所示完成文字样式的修改。

图 1-3-15 "文字"选项卡

图 1-3-16 "文字样式管理器"对话框

### 2. 修改标注样式

（1）在"标注样式管理器"对话框中，选中"Standard"样式后，单击"修改"，弹出"修改标注样式"对话框，如图 1-3-17 所示。

修改标注样式

（2）选择"标注线"选项卡，单击尺寸线颜色下拉箭头，选择"随层"。

（3）选择"符号和箭头"选项卡，在"箭头大小"处输入"7"。

（4）选择"文字"选项卡，在"文字高度"处输入"7"。在"文字垂直偏移"处输入"1"。"绘制文字边框"前复选框呈不选中状态，如图 1-3-18 所示。

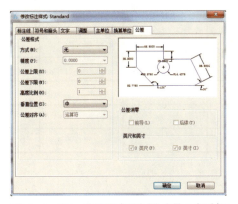
图 1-3-17 "修改标注样式"对话框

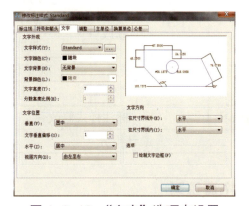
图 1-3-18 "文字"选项卡设置

## 任务小结

基本操作常用命令如表 1-3-1 所示。

表 1-3-1 基本操作常用命令一览表

| 项目 | 快捷键 |
| --- | --- |
| 文字样式管理器 | ST |
| 属性文字样式 | ATT |
| 文本格式 | MT |
| 标注样式 | DD |

### 巩固练习

修改标注样式"Standard",将箭头大小设置为5mm,字体为仿宋体,宽度因子为0.7,文字高度为5mm。

### 任务评价

如表1-3-2所示,根据学生自评、组内互评和教师评价将各项得分以及总评内容和得分填入表中。

表1-3-2 考核评价表

| 任务内容 | 评价内容 | | | 配分 | 学生自评 | 组内互评 | 教师评价 |
|---|---|---|---|---|---|---|---|
| 文字样式和标注样式的设置 | 文字样式设置 | 文本度量 | | 5 | | | |
| | | 文本字体 | | 5 | | | |
| | 标注样式设置 | 新建 | | 10 | | | |
| | | 置为当前/重命名/替代 | | 10 | | | |
| | | 修改 | 标注线 | 10 | | | |
| | | | 符号和箭头 | 10 | | | |
| | | | 文字 | 10 | | | |
| | | | 调整 | 10 | | | |
| | | | 主单位 | 5 | | | |
| | | | 公差 | 15 | | | |
| 巩固练习 | 标注样式修改 | | | 10 | | | |
| 总计得分 | | | | 100 | | | |

### 拓展练习

按表1-3-3要求修改标注样式"Standard"。

表1-3-3 标注样式设置要求

| 项目名称 | 内容 | 要求 |
|---|---|---|
| 文字样式 | 文本字体 | 仿宋 |
| | 高度 | 3.5 |
| | 宽度因子 | 0.7 |
| | 倾斜角 | 15° |
| 标注样式 | 尺寸线、尺寸界线颜色 | 随层或随块 |
| | 箭头大小 | 3 |
| | 圆心标记大小 | 3 |
| | 小数分隔符 | "."句点 |
| | 公差方式 | 极限偏差 |

任务 4　文件的保存和打印

 任务目标

（1）掌握图形文件的新建、打开和保存。
（2）能在"打印"对话框中正确设置打印选项。
（3）会将 \*\*\*.dwg 文件转换成 \*\*\*.pdf 文件并保存。

 任务内容

调用 A4 图幅并转换成 PDF 文件，按下列要求在打印对话框中正确设置打印选项，并保存到"D 盘 / 中望 CAD"文件夹内。
（1）正确选择虚拟打印机。
（2）打印比例：布满图纸。
（3）打印偏移：居中打印。
（4）纵向打印。
（5）单色打印。

 任务分析

打印设置中将图幅转换成 PDF 文件，要正确选择打印机 / 绘图仪名称，并根据图幅设置相应的打印参数，然后保存到指定的文件夹内。

 知识链接

做中教

## 一、图形文件的管理

### 1. 新建文件

"新建"命令可创建一个新的图形文件。单击固定工具栏"新建"图标 ，弹出"选择样板文件"对话框，单击"打开"按钮，创建新的图形文件，如图 1-4-1 所示。

### 2. 打开文件

"打开"命令可将已经存在的图形文件调入内存以进行操作。单击固定工具栏"打开"图

图 1-4-1　"新建"图形文件

标 📁，弹出如图 1-4-2 所示"选择文件"对话框。用户根据已有图形文件的保存位置选择相应路径，找到需要的图形文件选中，单击"打开"按钮即可打开已有文件，或选中文件后双击即可直接打开。

一般高版本的软件会增加一些低版本所没有的功能，所以当用低版本的软件打开使用高版本软件所创建的文件时会出现如图 1-4-3 所示内容，单击"否"则返回当前工作状态，不会打开文件；单击"是"则会以低版本软件的形式打开。

图 1-4-2 "打开"图形文件

图 1-4-3 文件提示

### 3. 保存文件

"保存"命令可将当前的图形文件数据从内存保存到外部存储器的指定位置，以保证数据的安全并便于以后再次使用。单击固定工具栏"保存"图标 💾，弹出如图 1-4-4 所示"图形另存为"对话框。用户可在"保存于"下拉列表中指定文件保存的路径。文件名既可以用默认的 Drawing1.dwg 的形式，也可由用户自行指定。如果当前的图形文件曾经保存过，则系统将直接使用当前的图形文件名保存在原指定的路径下，不需要用户再进行选择。

按需要将各参数设置完毕后，单击"保存"即可将当前图形文件按用户设定的文件名、文件类型及路径进行保存。

"另存为"命令可对已经保存过的当前图形文件的文件名、保存路径、文件类型等进行修改。

单击菜单栏"文件"命令，弹出如图 1-4-5 所示界面，单击"另存为"命令，弹出"图形另存为"对话框，各项设置方法见前述"保存"设置。

图 1-4-4 "图形另存为"对话框

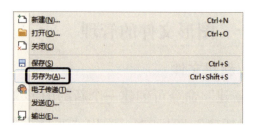

图 1-4-5 "另存为"菜单

## 二、输出 PDF 文件

PDF 是用于与应用程序、操作系统、硬件无关的方式进行文件交换所发展出的文件格式，

PDF 文件无论在哪种打印机上，都可保证精确的颜色和准确的打印效果。

（1）单击菜单栏"文件"命令，弹出如图 1-4-6 所示下拉菜单，单击"输出"命令，弹出"输出数据"对话框，如图 1-4-7 所示。文件保存的路径、文件类型及文件名等见前述"保存"设置。

图 1-4-6　单击"输出"

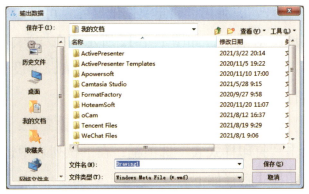

图 1-4-7　"输出数据"对话框

（2）单击菜单中的"文件"，在下拉菜单中选择"打印"或用快捷键"Ctrl+P"，弹出"打印"对话框，如图 1-4-8 所示。

①打印机/绘图仪设置栏：单击"名称"选项框，在下拉列表中选择需要的名称，如图 1-4-9 所示；

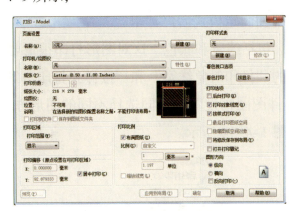

图 1-4-8　"打印"对话框

图 1-4-9　"打印机/绘图仪"中"名称"的设置

单击"纸张"选项框，在下拉列表中根据零件图的大小选择合适的图幅，如图 1-4-10 所示。选中图幅后，单击"特性"，打开"绘图仪配置编辑器"对话框，如图 1-4-11 所示。

图 1-4-10　"打印机/绘图仪"中"纸张"的设置

图 1-4-11　"绘图仪配置编辑器"对话框

单击"修改标准图纸尺寸（可打印区域）"，在"修改标准图纸尺寸"列表中找到对应的图纸类型，如图1-4-11所示；再单击"修改"，弹出"自定义图纸尺寸-可打印区域"对话框，如图1-4-12所示，在"上、下、左、右"输入框选择不同的数值，可设置打印区域大小。

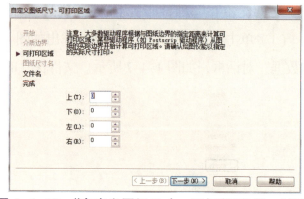

图1-4-12 "自定义图纸尺寸-可打印区域"对话框

②"打印样式表""打印选项"设置栏：单击"打印样式表"选项框，在下拉列表中选择打印样式如图1-4-13所示，下拉列表中四种打印样式解释如下。

"无"：除了白色会打印成黑色，其他的颜色会保留原来的颜色，如打印成黑白的，那么在纸上彩色的会看起来比较淡。

"Monochrome.ctb"：单色打印。把所有的颜色都设置了打印成黑色，也就是彩色的打印出来后，在纸上看起来不会变淡。

"zwcad.ctb"：彩色打印。按原有颜色打印。

"ZWCADM.ctb"：固定模式打印。给原有图形附加固定模式后再打印。

其实最好还是自己根据需要设置一个打印样式，包括线宽和颜色，这对图形打印很重要。

选择一种样式后相应的"打印选项"设置栏中的"打印对象线宽"和"按样式打印"等选项会自动打上"√"，"图形方向"设置栏应根据零件图图幅设置的不同选择不同的图形方向。图形方向可选"纵向""横向"或"反向打印"，如图1-4-14所示。

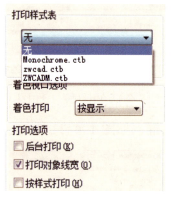

图1-4-13 "打印样式表"的设置

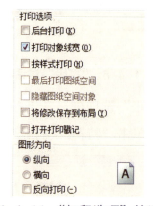

图1-4-14 "打印选项"的设置

③"打印偏移""打印比例"设置栏："打印偏移"设置栏可选"居中打印"或输入具体偏移数值；在"打印比例"设置栏中可选"布满图纸"或选择一种打印比例，也可自定义打印比例，如图1-4-15所示。

图1-4-15 "打印偏移""打印比例"的设置

④"打印区域"设置栏：在"打印区域"设置栏可选"显示""窗口""范围""图形界限"四种打印范围，如图1-4-16所示。

图1-4-16 "打印区域"的设置

如选择打印范围为"窗口"，命令行会提示鼠标选取窗口范围。单击"窗口"，命令行提示"指定窗口第一点："。单击所要打印图纸的左上角，命令行提示"指定窗口第二点："，单击打印图纸的右下角，打印范围设置完成。

⑤单击"预览"按钮，会显示设置后的打印效果。

⑥预览效果如与要求相符，可按Esc退出预览后单击"确定"按钮，弹出"另存为"对话框，将文件保存到指定位置，完成dwg文件转换成PDF文件。

> **要点提示：**
> （1）打印样式一般选"Monochrome.ctb"单色打印，打印效果好。
> （2）打印时输出PDF文件能保证精准的打印效果。

## 任务实施

### 做中学

（1）单击菜单中的"文件"→"打印"下拉菜单或用快捷键"Ctrl+P"，弹出"打印"对话框。

（2）打印设置。

①打印机/绘图仪设置栏：单击"名称"选项框，选择"DWG to PDF.pc5"，如图1-4-17所示。单击"纸张"选项框，根据零件图的大小选择选择"ISO A4（210.00×297.00MM）"，如图1-4-18所示。

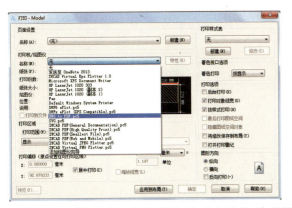
图1-4-17 "打印机/绘图仪"中"名称"的设置

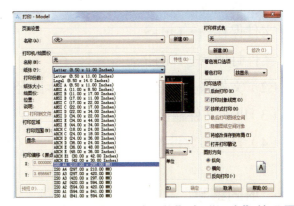
图1-4-18 "打印机/绘图仪"中"纸张"的设置

②"打印样式表""打印选项"设置栏：单击"打印样式表"选项框，选择"Monochrome.ctb"，如图1-4-19所示，在"打印选项"栏中的"打印对象线宽"和"按样式打印"会自动打上"√"，图形方向选择"纵向"，如图1-4-20所示。

图 1-4-19 "打印样式表"的设置

图 1-4-20 "打印选项"的设置

③ "打印偏移""打印比例"设置栏：在"打印偏移"设置栏中的"居中打印"打上"√"，在"打印比例"设置栏中的"布满图纸"打上"√"，设置完毕后，如图 1-4-21 所示。

④ "打印区域"设置栏：如图 1-4-22 所示。

图 1-4-21 "打印偏移""打印比例"的设置

图 1-4-22 "打印区域"的设置

⑤单击"预览"按钮，显示设置后的打印效果。预览效果如与要求相符，可按 Esc 退出预览后单击"确定"按钮，弹出"另存为"对话框，将文件保存到指定 D 盘 / 中望 CAD 文件夹内，完成 dwg 文件转换成 PDF 文件。

## 任务小结

（1）快捷键。

文件保存——Ctrl+S。

文件打印——Ctrl+P。

（2）文件保存的名称、类型和保存路径。

（3）PDF 文件输出。

（4）打印参数设置。

## 巩固练习

调用 A2 图幅并转换成 PDF 文件，请按下列要求在打印对话框中正确设置打印选项。

（1）正确选择虚拟打印机。

（2）选择 1∶1 比例出图。

（3）彩色打印。

（4）将打印边界设置为"0"。

### 任务评价

如表1-4-1所示，根据学生自评、组内互评和教师评价将各项得分，以及总评内容和得分填入表中。

表1-4-1 考核评价表

| 任务内容 | 评价内容 | | 配分 | 学生自评 | 组内互评 | 教师评价 |
|---|---|---|---|---|---|---|
| 文件的保存与打印 | 文件管理 | 新建/打开文件 | 5 | | | |
| | | 保存/另存为文件 | 5 | | | |
| | 打印设置 | 打印机/绘图仪 | 5 | | | |
| | | 打印样式表 | 5 | | | |
| | | 打印选项 | 5 | | | |
| | | 打印偏移、打印比例 | 5 | | | |
| | | 图形方向 | 5 | | | |
| | 图形输出 | PDF文档 | 15 | | | |
| | | 图纸布局是否合理 | 10 | | | |
| | | 图纸是否清晰 | 10 | | | |
| | | 粗、细实线 | 10 | | | |
| 巩固练习 | 打印练习 | | 20 | | | |
| 总计得分 | | | 100 | | | |

### 拓展练习

调用A3图幅并转换成PDF文件，按表1-4-2设置打印参数，并保存在E盘目录下的"中望CAD"文件夹内。

表1-4-2 打印设置参数表

| 打印参数 | 图幅 | 打印边界 | 打印偏移 | 打印样式 | 打印比例 | 图形方向 |
|---|---|---|---|---|---|---|
| 设置要求 | A3 | 左边：5mm 其余为0mm | 居中打印 | zwcad.ctb | 1：2 | 横向 |

### 陈行行：机械行业的大国工匠

青涩年华化为多彩绽放，精益求精铸就青春信仰。大国重器的加工平台上，他用极致书写精密人生。胸有凌云志，浓浓报国情，他就是——中国工程物理研究院机械制造工艺研究所工人陈行行。

陈行行从事保卫祖国的核事业，是操作着价格高昂、性能精良的数控加工设备的新一代技能人员，是国防军工行业的年轻工匠。在新型数控加工领域，以极致的精准向技艺极限冲击。

用在尖端武器装备上的薄薄壳体，通过他的手，产品合格率从难以逾越的50%提升到100%，优化了国家重大专项分子泵项目核心零部件动叶轮叶片的高速铣削工艺。他精通多轴联动加工技术、高速高精度加工技术和参数化自动编程技术，尤其擅长薄壁类、弱刚性类零件的加工工艺与技术，是一专多能的技术技能复合型人才。陈行行最大的自豪是：这个世界不必知道他是谁，但他参与的事业却惊艳了世界。

所获荣誉：全国五一劳动奖章、全国技术能手、四川工匠。

### 线宽的组别

GB/T 14665-2012《机械工程CAD制图规则》是机械工程CAD（计算机辅助设计）制图的专用标准。在机械工程CAD制图中，根据GB/T 14665-2012将线分为五个组别：

| 组别 | 分组 | | | | | 一般用途 |
|---|---|---|---|---|---|---|
|  | 1 | 2 | 3 | 4 | 5 |  |
| 线宽/mm | 2.0 | 1.4 | 1.0 | 0.7 | 0.5 | 粗实线、粗点画线、粗虚线 |
|  | 1.0 | 0.7 | 0.5 | 0.35 | 0.25 | 细实线、波浪线、双折线、细虚线、细点画线、细双点画线 |

# 项目二
## 平面图形的绘制

### 📖 项目概述

中望CAD机械教育版软件为用户提供了功能齐全、方便快捷的作图方式，可以快速、高效地绘制各种工程图。平面图形的绘制是中望CAD机械教育版中最基础的一部分，本项目以平面图形锥轴、吊钩、底板、异形板的绘制为案例，主要介绍软件中常用的绘图和编辑命令的功能。

如图2-0-1所示为本项目思维导图。

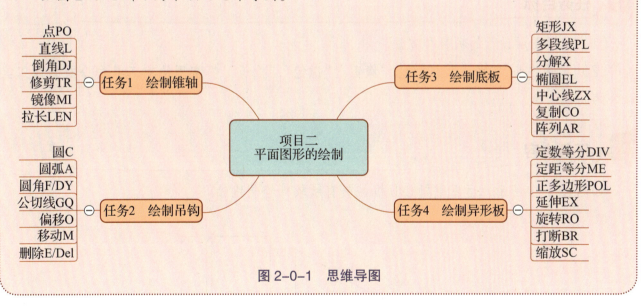

图2-0-1 思维导图

### 📖 项目目标

**知识目标**

（1）掌握中望CAD机械教育版图幅的调用、图层的设置方法。

（2）掌握"点""直线""多段线""圆""圆弧""矩形""中心线""公切线"等常用绘制工具命令的功能。

（3）掌握"修剪""镜像""拉长""延伸""倒角""圆角""偏移""复制""阵列""移动""旋转""打断""缩放"等修改工具命令的功能。

**技能目标**

（1）熟练运用相关命令绘制锥轴图形。

（2）熟练运用相关命令绘制吊钩图形。

（3）熟练运用相关命令绘制底板图形。

（4）熟练运用相关命令绘制异形板图形。

**素养目标**

（1）培养学生职业兴趣。

（2）培养学生严格遵守职业规范、行业标准的自觉意识。

 **任务1　绘制锥轴**

锥轴

### 任务目标

（1）掌握图层设置的项目和方法。

（2）掌握"点""直线""倒角""修剪""镜像""拉长"等常用绘制工具命令及修改工具命令的功能。

### 任务内容

如图2-1-1所示，运用中望CAD机械教育版软件绘制锥轴。

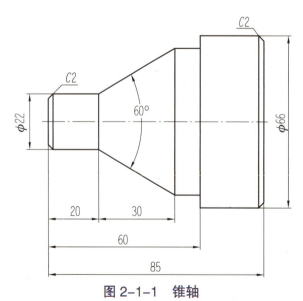

图2-1-1　锥轴

## 任务分析

该平面图形为阶梯锥轴，由中心线层和轮廓实线层所构成，可采用"点""直线""倒角""修剪""镜像""拉长"等命令来完成该平面图形的绘制。

## 知识链接

### 一、"点" 的输入操作

在中望 CAD 机械教育版中，点的输入既可使用鼠标拾取，也可通过键盘输入。

#### 1. 直接拾取

直接拾取即通过鼠标在绘图区单击图标 或者输入快捷键"PO"以拾取点，或者是单击"绘图"菜单里面的"点"命令，如图 2-1-2 所示。这种输入点的方法非常方便快捷，但不能用来精确定点。

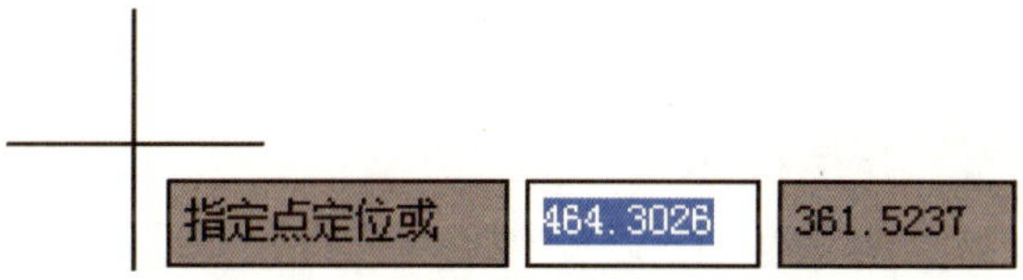

图 2-1-2　鼠标直接拾取点

#### 2. 输入坐标

使用键盘输入点坐标时有以下 4 种方法。

（1）绝对直角坐标：通过输入 $X$、$Y$、$Z$ 的坐标值来指定点的位置，输入的坐标值表示该点相对于当前坐标原点的坐标值。

在绘制平面图形时，$Z$ 坐标默认为 0，可以省略。比如输入"10，8"，表示当前点的 $X$、$Y$ 坐标值分别为 10mm 和 8mm。

（2）相对直角坐标：相对直角坐标用该点相对于上一点的直角坐标值的增量来确定点的位置。为与绝对直角坐标值区别，输入 $X$、$Y$ 增量时，其前必须加"@"，其格式为"@X，Y"。

例如，输入"@10，8"，表示指定点的 $X$、$Y$ 坐标值分别相对于上一点增加了 10mm 和 8mm。

如图 2-1-3 所示，点 $O$ 是坐标原点，点 $A$ 的绝对坐标为（20，20），点 $B$ 的绝对坐标为（20，35）、点 $C$ 的绝对坐标为（40，35），点 $A$ 相对于坐标原点的相对坐标为"@20，20"，点 $B$ 相对于点 $A$ 的相对坐标为"@0，15"，点 $C$ 相对于点 $B$ 的相对坐标为"@20，0"。

（3）绝对极坐标：绝对极坐标用"长度＜角度"的形式来表示。其中，"长度"是指该点与坐标原点的距离，"角度"是指该点与坐标原点的连线和 $X$ 轴正方向之间的夹角。

（4）相对极坐标：相对极坐标用该点相对于上一点的距离、与上一点的连线和 $X$ 轴正方向之间的夹角来指定点的位置，其格式为"@长度＜角度"。

如图 2-1-4 所示，点 $A$ 的绝对极坐标是"20<-30"，点 $B$ 的绝对极坐标是"15<75"，点 $C$ 相对点 $B$ 的相对极坐标为"@20<20"，点 $B$ 相对于点 $C$ 的相对极坐标为"@20<-160"。

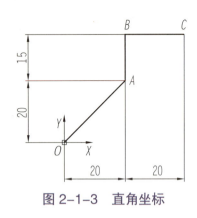

图 2-1-3　直角坐标

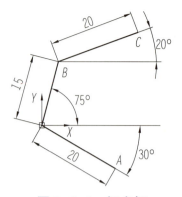

图 2-1-4　极坐标

### 3. 点的样式选择

（1）单击 ∴，或者输入快捷键"PO"，命令行出现提示"指定点定位或［设置（S）/多次（M）］："，输入"S"，确定。

（2）出现"点样式"对话框，如图 2-1-5 所示。选择一种清晰可见的点样式，点击"确定"。

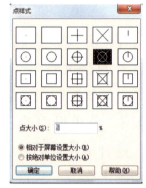

图 2-1-5　"点样式"对话框

> **要点提示：**
> （1）利用"对象捕捉"功能快速精确捕捉某些特殊点。
> （2）角度正负的规定：逆时针方向为正、顺时针方向为负，水平计数为零度。
> （3）极坐标中输入长度与角度数字的切换可以用"Tab"键，也可用输入"Shift+<"输入角度值。

## 二、"直线" ＼工具操作

在中望 CAD 机械教育版界面中提供了 4 种直线的绘制方式，分别为直线、射线、构造线和多线。单击菜单栏"绘图"命令，弹出 4 种直线的绘制命令，如图 2-1-6 所示。在机械绘图的领域里，直线和构造线这两种方式用得最多，软件默认把这两个命令放在左侧绘图栏的上方位置，如图 2-1-7 所示。

图 2-1-6　直线的绘图菜单

图 2-1-7　直线常用图标

用"直线" ＼工具命令绘制图 2-1-8 所示的内容，操作步骤如下。

（1）在菜单中单击"直线" ＼工具命令，或在命令行输入字母"L"，确认。

（2）命令行提示"指定第一个点"，用鼠标任意点取一点，确认。

（3）命令行提示"指定下一点或（角度（A）/长度（L）/放弃（U）："，鼠标向右移动，

项目二 平面图形的绘制 41

确保鼠标指针与起点在同一水平线上,命令行直接输入"50",确认,完成水平直线的绘制。

(4)单击空格键或在命令行输入字母"L",命令行提示"指定第一个点",用鼠标单击起始点,确认。

(5)命令行提示"指定下一点或(角度(A)/长度(L)/放弃(U)):",输入字母"A",确认。

(6)命令行提示"输入角度",输入"45",确认。

(7)命令行提示"输入长度",输入"50",确认。

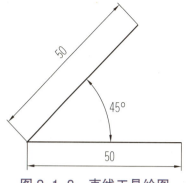

图 2-1-8 直线工具绘图

要点提示:

(1)输入命令时字母不区分大小写。

(2)确认的方法:按回车键确认,或按空格键确认,或单击右键点选确认。

(3)正交的处理方法:按下"F8"键开启正交,再次按下该键则关闭正交。开启正交后,绘制水平线和垂直线非常方便,当绘制非水平和非垂直线时,关闭正交。

(4)重复上一个命令的快速操作方法:按空格键。

(5)退出编辑操作的快速方法:按"Esc"键。

(6)角度线的快捷输入操作是字母"JD"。

(7)命令栏中出现"或",或之前为当前命令,可以直接操作;或之后的命令为扩展命令,可右击来选择,也可在命令行输入相关命令来选择。例如"指定下一点或(角度(A)/长度(L)/放弃(U))"的操作。

【想一想】

(1)用构造线命令绘制直线,有哪些功能?

(2)若绘制图 2-1-9 所示的图形,除直线命令外,还要用"构造线"⟋工具命令绘制 65mm 长的直线,如何绘制?

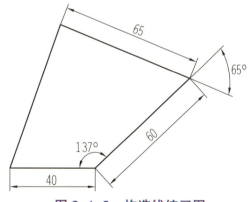

图 2-1-9 构造线练习图

### 三、"倒角"⟋工具操作

如图 2-1-10 所示,利用"倒角"命令完成阶梯轴倒角的绘制。其操作步骤如下。

(1)用"直线"命令依次画出轴外轮廓和中心线。如图2-1-10(a)所示。

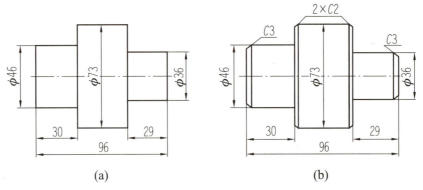

图2-1-10 倒角绘图案例

(2)在键盘输入"DJ",出现提示"选择第一个对象或[多段线(P)/设置(S)/添加标注(D)<设置>]:",输入"S",弹出对话框,如图2-1-11所示。

(3)选择轴倒角模式,设定"第一个倒角长度"为"3","第二个倒角长度"为"3",或者"倒角角度"为"45",选择第四种模式,单击"确定"按钮。

(4)命令行提示"选择第一个对象或[多段线(P)/设置(S)/添加标注(D)<设置>]:",单击左段轴的上母线。

(5)命令行提示"选择第二个对象或<按回车键切换倒圆功能>:",单击左段轴的下母线。

(6)命令行提示"请选择端面线[ESC退出]:",单击左端面线,完成左倒角的绘制。

(7)依次完成其余倒角的绘制,如图2-1-10(b)所示为倒角后的效果图。

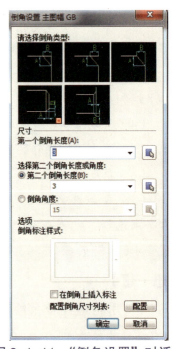

图2-1-11 "倒角设置"对话框

> **要点提示:**
> (1)根据所需绘制倒角的形状,选用合适的倒角样式。
> (2)使用菜单中的"倒角"⌒工具命令时,只能绘制单个倒角,不能实现轴类倒角的多种类型设置。
> (3)第二个倒角长度和倒角角度不能同时设定。

## 四、"修剪" -/- 工具操作

如图2-1-12所示,用田字图来练习"修剪"命令。其操作步骤如下。

(1)用6次直线工具,绘出田字形的图形。

(2)在菜单栏中单击"修剪" -/- 工具命令,或输入快捷键"TR",确定。

(3)命令行提示"选取对象来剪切边界<全选>:",输入空格键。

（4）单击要修剪的对象即可。

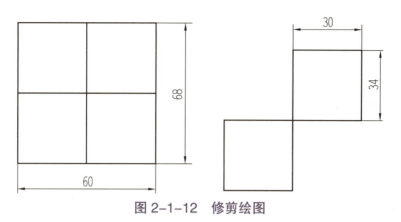

图 2-1-12　修剪绘图

> **要点提示：**
> （1）选择修剪工具后要直接单击确定键，然后直接点击或者框选要修剪的对象。
> （2）当对象只剩下最后一条线段时，是无法修剪的。
> （3）单击修剪，选中分界线，确认，可一次性修剪。
> （4）当使用修剪工具时，按 Shift 键，可变成延伸工具。

## 五、"镜像"工具操作

如图 2-1-13 所示，进行"镜像"命令练习。其操作步骤如下。

（1）在菜单栏中单击"镜像"工具命令或用键盘输入"MI"，确认。

（2）命令行提示"选择对象："，单击所要镜像的对象，确认。

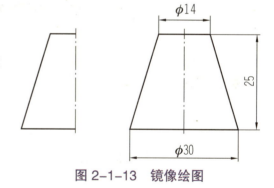

图 2-1-13　镜像绘图

（3）命令行提示"指定镜像线的第一点："，单击中心线端点。

（4）命令行提示"指定镜像线的第二点："，单击中心线另一端点。

（5）命令行提示"是否删除源对象［是（Y）/否（N）］＜否＞："，单击空格键。

【练一练】

在镜像操作时，若图形中有文字，直接输入 mirrtext 修改其值为"1"和为"0"时，文字镜像有何区别？

## 六、"拉长"工具的操作

如图 2-1-14 所示，用"拉长"命令将长 100mm 的直线左、右各拉长 5mm，其操作步骤如下。

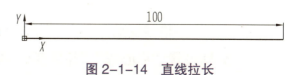

图 2-1-14　直线拉长

（1）单击菜单"修改"中的拉长命令或者输入"LEN"。

（2）命令行提示"列出选取对象长度或［动态（DY）/递增（DE）/百分比（P）/全部（T）］："，输入"DE"，确定。

（3）命令行提示"输入长度递增量或［角度（A）］<00>："，输入"5"，确定。

（4）命令行提示"选取变化对象或［方式（M）/撤销（U）］："，拾取直线的右侧和左侧各一次。

> **要点提示：**
> （1）选用动态（DY）方式可以实现随机拉伸。
> （2）选用递增（DE）方式可以实现定长拉伸。

## 任务实施

### 做中学

#### 1. 创建图形文件

双击中望CAD机械教育版软件图标，单击试用，进入中望CAD机械教育版界面，默认文件名Drawing1.dwg。图形界面效果如图2-1-15所示。

图2-1-15　图形界面

#### 2. 调入图幅

（1）如图2-1-16所示，在命令行输入"TF"，弹出"图幅设置"对话框，选择A3图幅，绘图比例1∶1，布置方式横置，单击"确定"。

（2）点击空格键，确认新的绘图区域中心及更新比例的图形。

（3）点击空格键或鼠标确认目标位置。

#### 3. 分别设置"中心线""轮廓实线层"两个图层

（1）单击"图层特性"图标

图2-1-16　图幅设置

器"对话框。

（2）将轮廓实线层、中心线层的颜色设为默认或根据需要修改，线宽分别设置成 0.5mm、0.25mm，设置完成后，关闭"图层特性管理器"对话框。如图 2-1-17 所示。

图 2-1-17　图层特性管理器

### 4. 绘制图形轮廓

（1）绘制中心线：将"中心线"图层设置为当前图层，选择"直线"工具或者输入快捷命令"L"，绘制中心线，长度 85mm。

（2）绘制轮廓粗实线：将"轮廓实线层"图层设置为当前图层，选择"直线"工具或者输入快捷命令"L"，绘制垂直和水平及倾斜轮廓线，长度分别为 11mm、20mm、33mm、25mm，角度 30°，图形效果如图 2-1-18 所示。

（3）绘制轴段线：选择"点"工具，或者输入快捷命令"PO"，找到锥段的长度点位置，选择"直线"工具或者输入快捷命令 L，绘制垂直轴段线。图形效果如图 2-1-19 所示。

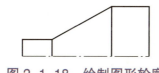

图 2-1-18　绘制图形轮廓

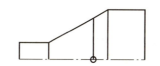

图 2-1-19　画轴段线后的效果

### 5. 进行修剪处理

如图 2-1-20 所示，选择"修剪"工具，或者输入快捷命令"TR"，修剪多余线段；选择"直线"工具或者输入快捷命令 L，绘制水平直线。

### 6. 进行镜像处理

选择"镜像"工具或者输入快捷命令"MI"，绘制锥轴的另一面。图形效果如图 2-1-21 所示。

### 7. 进行倒角处理

如图 2-1-22 所示，选择"倒角"工具或者输入快捷命令"DJ"，完成 C2 倒角的绘制。

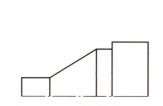

图 2-1-20　修剪后的图形

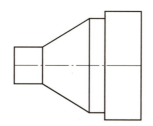

图 2-1-21　镜像效果

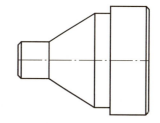

图 2-1-22　倒角后的效果

### 8. 使用拉长处理中心线，使中心线超出轮廓 3~5mm

选择"拉长"工具或者输入快捷命令"LEN"，选用递增（DE）方式，选取中心线，输入

"3",将中心线超出轮廓 3mm,拉长处理后效果如图 2-1-23 所示。

### 9. 保存文件

(1)单击左上角"文件"菜单栏下"另存为",或用快捷键"Ctrl+Shift+S",如图 2-1-24 所示,调出"另存为"对话框。

(2)选择文件保存位置,更改文件名为锥轴,文件类型选用低版本均可使用,如图 2-1-25 所示。

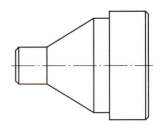

图 2-1-23　拉长处理后效果

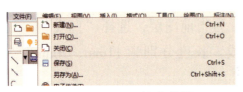

图 2-1-24　文件菜单栏

图 2-1-25　"另存为"对话框

 **任务小结**

绘图常用命令如表 2-1-1 所示。

表 2-1-1　中望机械绘图常用命令一览表

| 项目 | 快捷键 | 项目 | 快捷键 |
| --- | --- | --- | --- |
| 图幅 | TF | 倒角 | DJ |
| 点 | PO | 修剪 | TR |
| 直线 | L | 镜像 | MI |
| 拉长 | LEN | | |

 **巩固练习**

如图 2-1-26 所示,请根据下列图形形状及尺寸,用适当的命令绘图,不要求标注尺寸。

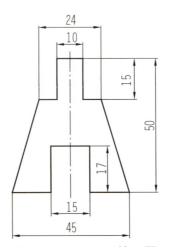

图 2-1-26　巩固练习图

## 任务评价

如表2-1-2所示，根据学生自评、组内互评和教师评价将各项得分，以及总评内容和得分填入表中。

表 2-1-2 考核评价表

| 任务内容 | 评价内容 | 配分 | 学生自评 | 组内互评 | 教师评价 |
|---|---|---|---|---|---|
| 绘制锥轴 | 图层设置 | 5 | | | |
| | 线型应用 | 5 | | | |
| | 命令应用 | 20 | | | |
| | 快捷键 | 10 | | | |
| | 尺寸 | 30 | | | |
| 巩固练习 | 成图 | 30 | | | |
| 总计得分 | | 100 | | | |

## 拓展练习

（1）如图2-1-27所示，请根据下列图形形状及尺寸，用适当的命令绘图，不要求标注尺寸。

（2）如图2-1-28所示，请根据下列图形形状及尺寸，用适当的命令绘图，不要求标注尺寸。

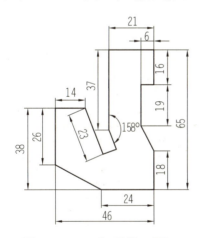

图 2-1-27 拓展练习图一

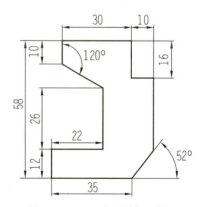

图 2-1-28 拓展练习图二

 任务2　绘制吊钩

吊钩

 任务目标

（1）掌握"圆""圆弧""圆角""公切线""偏移""移动""删除"等常用绘制工具命令及修改工具命令的功能。

（2）熟练应用绘制工具命令及修改工具命令绘制带有圆弧连接的平面图形。

**任务内容**

如图 2-2-1 所示，运用中望 CAD 机械教育版软件绘制吊钩。

 **任务分析**

该平面图形为吊钩，由中心线层和轮廓实线层所构成，可采用"直线""圆""圆角""公切线""修剪""偏移""删除"等命令来完成该平面图形的绘制。

 **知识链接**

做中教

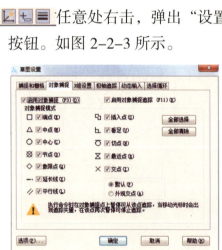

图 2-2-1 吊钩

## 一、"圆"⊙工具操作

用"圆"命令完成图 2-2-2 的绘制。操作步骤如下。

（1）设置"对象捕捉"：在状态栏 ▦▦⌐⊙▢∠⌐┼≡ 任意处右击，弹出"设置"对话框，在"对象捕捉"选项卡中点选中心，单击"确定"按钮。如图 2-2-3 所示。

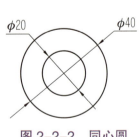

图 2-2-2 同心圆　　　　图 2-2-3 "对象捕捉"对话框

（2）在菜单中单击"圆"⊙工具命令，或在命令行输入"C"，确认。

（3）命令行提示"指定圆的圆心或 [三点（3P）/两点（P）/切点、切点、半径（T）]："，选择圆心。

（4）命令行提示"指定圆的半径或 [直径（D）]："，输入"20"，绘制 φ40 的圆。

（5）按空格键重复上一次指令，按以上方法继续绘制 φ20 的圆。

> **要点提示:**
> （1）CAD 中绘制圆的方法除圆心与半径（或直径）外，还有三点法、二点法、相切半径来画圆；在"绘图"菜单下方的"圆"命令中还有相切来进行画圆。
> （2）第二个圆的圆心快速确定的方法：鼠标放于第一个圆的圆心附近时，软件自动捕捉圆心点，变红显示。如图 2-2-4 所示。
> （3）圆的各种画法，根据命令行提示输入括号内的字母可以进行方式切换。

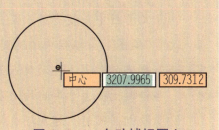

图 2-2-4　自动捕捉圆心

【想一想】

（1）如图 2-2-5 所示，请根据标注尺寸采用合适的方法进行圆的图形绘制。

（2）如图 2-2-6 所示，请根据标注尺寸采用合适的方法进行圆的图形绘制。

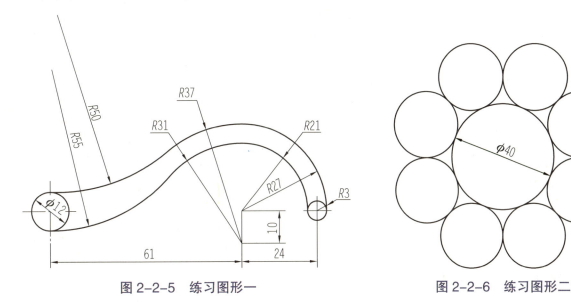

图 2-2-5　练习图形一　　　　　　　图 2-2-6　练习图形二

## 二、"圆弧"工具操作

用"圆弧"命令完成图 2-2-7 的绘制。操作步骤如下。

（1）在菜单中单击"圆弧"工具命令，或在命令行输入字母"A"，确认。

（2）命令行提示"指定圆弧的起点或［圆心（C）］:"，输入"C"，确认。

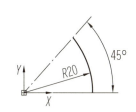

图 2-2-7　绘制圆弧

（3）命令行提示"指定圆弧的圆心:"，输入"0,0"，确认。

（4）命令行提示"指定圆弧的起点:"，输入"20,0"，确认。

（5）命令行提示"指定圆弧的端点［角度（A）/弦长（L）］:"，输入 45，确认。

> **要点提示:**
> （1）工具栏中一般使用三点绘制圆弧，而"绘图"菜单栏中有多种方法可进行选择。
> （2）"绘图"菜单栏中绘制圆弧的方法"起点、端点、半径"是重要的方法，具体方法是：指定起点和端点的位置，拖动端点上的直线直到圆弧出现，再去输入半径值。由于圆弧有优弧和劣弧之分，当绘制圆弧大于半圆的优弧时，半径值要输入负值，若输入正值为劣弧。
> （3）绘制圆弧时，起点与端点的选择要注意圆弧是逆时针旋转出来。

**【想一想】**

（1）如图2-2-8所示，请根据标注尺寸采用合适的方法进行图形绘制。

（2）如图2-2-9所示，请根据标注尺寸采用合适的方法进行图形绘制。

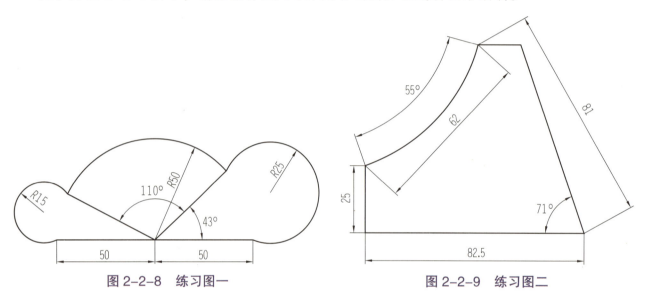

图2-2-8 练习图一　　　　　　图2-2-9 练习图二

## 三、"圆角"⌐工具操作

### 1. 设置圆角类型

（1）命令行输入"DY"，确认。

（2）命令行提示"选择第一个对象或［多段线（P）/设置（S）/添加标注（D）］＜设置＞："，点击空格键确定（或：输入"S"，确定）。

（3）出现"圆角设置"对话框，点选合适类型，单击"确定"。如图2-2-10所示。

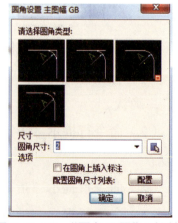

图2-2-10 "圆角设置"对话框

### 2. 绘制圆角

用"圆角"命令完成图2-2-11的绘制。操作步骤如下。

（1）在菜单中单击"圆角"⌐工具命令，或在命令行输入字母"F"，确认。

（2）命令行提示"选择第一个对象或［多段线（P）/半径（R）/修剪（T）/多个（M）/

放弃（U）]:"，输入"R"，确认。

（3）命令行提示"圆角半径"，输入"20"，确认。

（4）命令行提示"选择第一个对象或［多段线（P）/半径（R）/修剪（T）/多个（M）/放弃（U）]:"，鼠标选择第一个圆弧。

（5）命令行提示"选择第二个对象或按住Shift键选择对象以应用角点："，鼠标选择第二个圆弧。

（6）用同样方法绘制R50的圆弧。

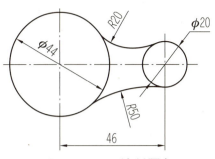

图2-2-11 绘制圆角

**【想一想】**

利用"圆角"命令和"圆"命令都可以绘制圆弧相切，画法有何不同？哪种方式更快捷？

## 四、"公切线"  工具操作

用"公切线"命令完成图2-2-12的绘制。操作步骤如下。

（1）在菜单栏中单击 工具命令，或在命令行输入字母"GQ"，确认。

（2）命令行出现提示"选择第一个圆（弧）或椭圆（弧）："，单击φ44圆上切点附近任意位置。

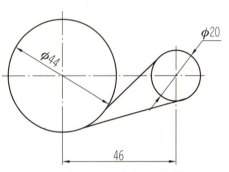

图2-2-12 绘制公切线

（3）命令行出现提示"指定第二个圆（弧）或椭圆上的切点位置或［指定任意点（F）/切线反向（R）]<R>:"，单击φ20的圆。如果切线的位置不符合预期，可以按空格键或"R"反向。

（4）按照以上步骤绘出另一公切线。

## 五、"偏移" 工具操作

利用"偏移"命令完成2-2-13的绘制。操作步骤如下。

（1）在菜单栏中单击 工具命令或在命令行输入字母"O"，出现提示"指定偏移距离或［通过点（T）擦除（E）/图层（L）]:"，输入"30"，回车。

（2）命令行提示"选择要偏移的对象或（放弃（U）/退出（E））<退出>:"，单击要偏移的对象。

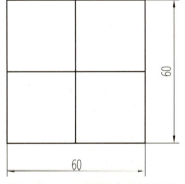

图2-2-13 偏移命令的使用

（3）命令行提示"指定偏移方向或［两边（B）]:"，单击偏移方向。

（4）依次按上述步骤操作即可。

【想一想】

(1)如图2-2-14所示,利用"偏移"命令和"直线"命令绘制图形,不要求标注尺寸。

(2)用"构造线"命令绘制图形时,构造线内部的偏移,其使用与偏移工具有何区别?总结其适用场合。

(3)用"偏移"工具偏移一条直线、一个矩形、一个圆,偏移出的对象有何特征?总结其规律。

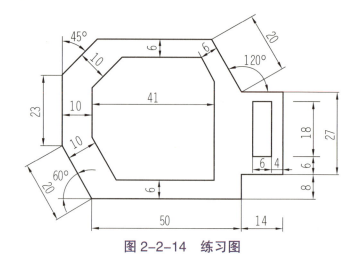

图2-2-14 练习图

## 六、"移动" ✥ 工具的操作

如图2-2-15所示,用"移动"命令将矩形进行移动,要求矩形左下角与圆弧圆心重合。操作步骤如下。

(1)在菜单栏中单击 ✥ 工具命令或在命令行输入字母"M",确认。

(2)命令行提示"[选择对象]:",鼠标框选矩形所有对象,空格键结束选择。

(3)命令行提示"指定基点[位移(D)]<位移>:",单击矩形左下角的点。

(4)命令行提示"指定第二点的位移或者<使用第一点当做位移>:",单击圆弧中心点。图形效果如图2-2-16所示。

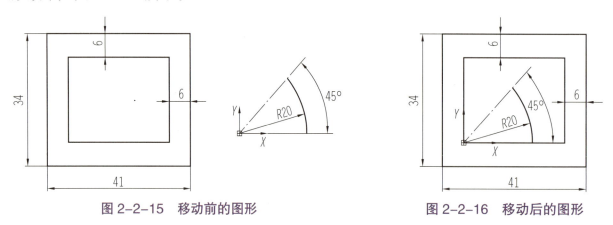

图2-2-15 移动前的图形　　　　　　图2-2-16 移动后的图形

## 七、"删除"工具的操作

鼠标选中需要删除的对象,命令行输入"E",空格键确认,或直接按"Del"键,均可进行删除操作。

 要点提示:

"修剪"命令使用时若从中间修剪,两端的元素无法继续修剪,这时只能用"删除"命令。如图2-2-17的图形,修剪掉圆弧在圆内的线段后,圆弧两端的线段只能用删除操作。

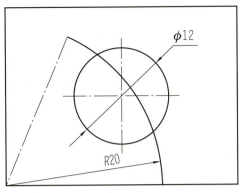 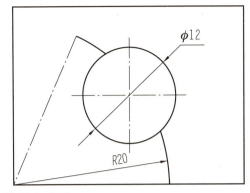

图 2-2-17　修剪与删除

## 任务实施

### 做中学

#### 1. 创建图形文件

双击中望 CAD 机械教育版软件图标，单击试用，进入中望 CAD 机械教育版界面，默认文件名 Drawing1.dwg。

#### 2. 调入图幅

（1）在命令行输入"TF"，弹出"图幅设置"对话框，选择 A3 图幅，绘图比例 1∶1，布置方式纵置，单击"确定"。

（2）点击空格键，确认新的绘图区域中心及更新比例的图形。

（3）点击空格键或鼠标确认目标位置。

#### 3. 设置图层

（1）单击"图层特性"图标，弹出"图层特性管理器"对话框。

（2）将轮廓实线层、中心线层的颜色设为默认，线宽分别设置成 0.5mm、0.25mm，设置完成后，关闭"图层特性管理器"对话框。

#### 4. 绘制中心线

（1）将"中心线"图层设置为当前图层。

（2）选择"直线"工具或者输入快捷命令"L"，绘制中心线，垂直距离 160mm。如图 2-2-18 所示。

（3）选择"偏移"工具或者输入快捷命令"O"，分别输入 8、90、20、40、64，将中心线进行偏移。

（4）选择"拉长"工具或直接鼠标点击选中，修改中心线长度，如图 2-2-19 所示。

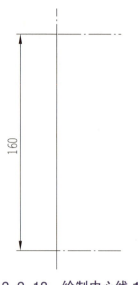

图 2-2-18 绘制中心线 1

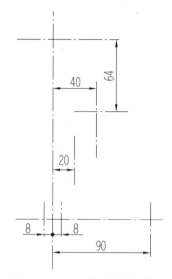

图 2-2-19 绘制中心线 2

### 5. 绘制图形轮廓

（1）将"轮廓实线层"图层设置为当前图层。

（2）选择"圆"⊙工具或者输入快捷命令"C"，分别绘制 $\phi26$、$\phi52$、$\phi48$、$\phi120$、$\phi316$ 的圆，图形效果如图 2-2-20 所示。

（3）绘制连接圆弧：利用"圆角"□工具，或者输入快捷命令"F"，将 $\phi52$、$\phi316$ 两段圆弧进行连接。图形效果如图 2-2-21 所示。

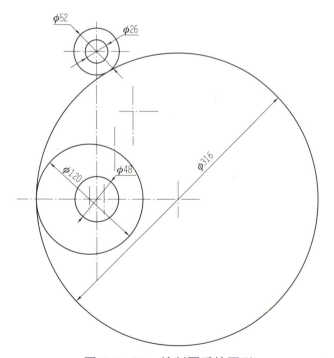

图 2-2-20 绘制圆后的图形

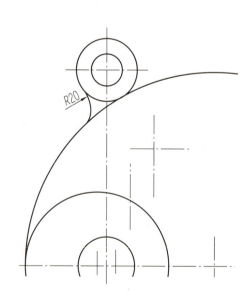

图 2-2-21 绘制连接圆弧后的图形

（4）修剪处理：选择"修剪" ⊹ 工具，或者输入快捷命令"TR"，修剪多余线段。如图 2-2-22 所示。

（5）选择"圆"⊙工具或者输入快捷命令"C"，分别绘制 $\phi20$、$\phi80$、$\phi40$ 的圆，找到两

个圆心点 $A$、$B$。图形效果如图 2-2-23 所示。

（6）选择"圆" ⊙ 工具或者输入快捷命令"C"，或者按空格键重复上一命令，分别以 $A$、$B$ 两点为圆心，绘制 $\phi 60$、$\phi 80$ 的圆，图形效果如图 2-2-24 所示。

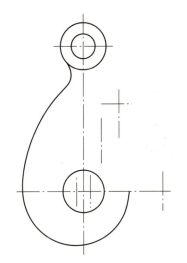
图 2-2-22 修剪后的图形

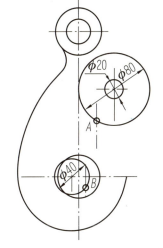
图 2-2-23 圆心 $A$、$B$ 两点

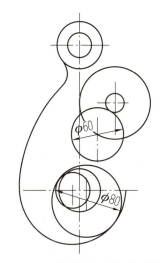
图 2-2-24 绘制相切圆弧后的图形

（7）选择"修剪" -/- 工具，或者输入快捷命令"TR"，修剪多余线段。如图 2-2-25 所示。

（8）绘制连接圆弧：选择"圆角" ⌒ 工具，或者输入快捷命令"F"。分别绘制 $R20$、$R12$ 的连接圆弧。图形效果如图 2-2-26 所示。

（9）绘制公切线：选择"公切线" ⚭ 工具，或者输入快捷命令"GQ"。绘制 $R30$ 和 $\phi 48$ 的公切线，并用修剪工具 -/- 修剪多余线段。图形效果如图 2-2-27 所示。

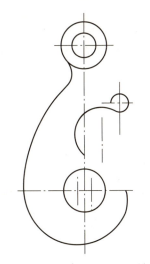
图 2-2-25 修剪处理后效果

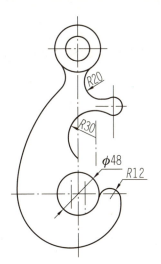
图 2-2-26 绘制相切圆弧后的图形

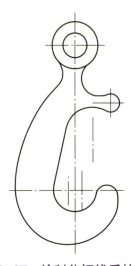
图 2-2-27 绘制公切线后的图形

（10）处理中心线，使中心线超出轮廓 3~5mm。

选择"拉长" ╲ 工具，或者输入快捷命令"LEN"，选用动态（DY）方式，选取中心线，输入"3"，将中心线超出轮廓 3mm。或者鼠标直接点击选取中心线，再单击十字框"✦"位置，输入"3"，回车确定。

#### 6. 保存文件

（1）单击左上角"文件"菜单栏下"另存为"，或用快捷键"Ctrl+Shift+S"，调出"另存为"对话框。

（2）选择文件保存位置，更改文件名为吊钩，文件类型选用低版本均可使用，如图2-2-28所示。

图 2-2-28 "另存为"对话框

> **要点提示：**
> （1）使用空格键重复上一命令，可大大提高绘图速度。
> （2）"修剪"工具使用时的修剪方向决定能否全部修剪完成，间隔修剪时会剩余一段无法修剪，这时只能用"删除"工具。
> （3）"公切线"工具使用时鼠标滚动显示公切线方向，空格键可实现公切线反向。

## 任务小结

绘图常用命令如表2-2-1所示。

表 2-2-1 中望机械绘图常用命令一览表

| 项目 | 快捷键 | 项目 | 快捷键 |
| --- | --- | --- | --- |
| 圆 | C | 公切线 | GQ |
| 圆弧 | A | 偏移 | O |
| 圆角 | F | 删除 | E/Del |
| 移动 | M | | |

## 巩固练习

如图2-2-29所示，请根据下列图形形状及尺寸，用适当的命令绘图，不要求标注尺寸。

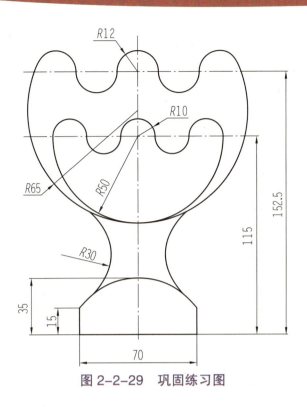

图 2-2-29　巩固练习图

## 任务评价

如表 2-2-2 所示，根据学生自评、组内互评和教师评价将各项得分，以及总评内容和得分填入表中。

表 2-2-2　考核评价表

| 任务内容 | 评价内容 | 配分 | 学生自评 | 组内互评 | 教师评价 |
| --- | --- | --- | --- | --- | --- |
| 绘制吊钩 | 图层设置 | 5 | | | |
| | 线型应用 | 5 | | | |
| | 命令应用 | 20 | | | |
| | 快捷键 | 10 | | | |
| | 尺寸 | 30 | | | |
| 巩固练习 | 成图 | 30 | | | |
| 总计得分 | | 100 | | | |

## 拓展练习

（1）如图 2-2-30 所示，请根据下列图形形状及尺寸，用适当的命令绘图，不要求标注尺寸。

（2）如图 2-2-31 所示，请根据下列图形形状及尺寸，用适当的命令绘图，不要求标注尺寸。

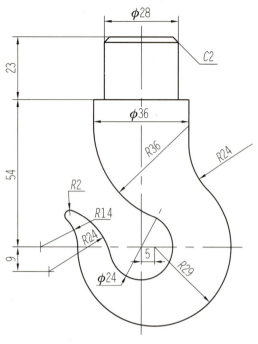

图 2-2-30 拓展练习图一

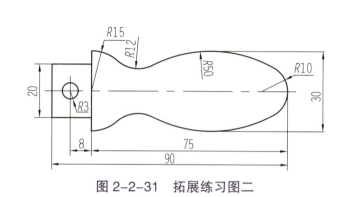

图 2-2-31 拓展练习图二

## 任务3　绘制底板

底板

### 任务目标

（1）掌握"矩形""多段线""中心线""复制""阵列""分解"等常用绘制工具命令及修改工具命令的功能。

（2）熟练应用绘制工具命令及修改工具命令绘制带有多个相同元素的平面图形。

### 任务内容

如图 2-3-1 所示，运用中望 CAD 机械教育版软件绘制底板。

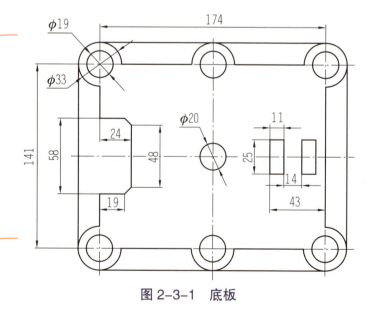

图 2-3-1　底板

### 任务分析

该平面图形为底板，由中心线层和轮廓实线层所构成，可采用"矩形""多段线""中心线""复制""阵列""分解"等命令来完成该平面图形的绘制。

## 知识链接

### 一、"矩形" 工具操作

用"矩形"命令完成图 2-3-2（b）的绘制。操作步骤如下。

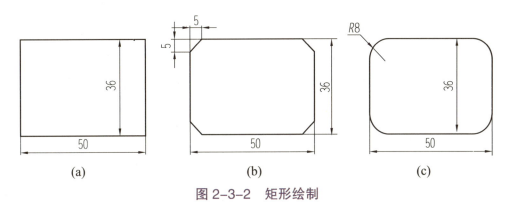

(a)　　　　　　　　(b)　　　　　　　　(c)

图 2-3-2　矩形绘制

（1）在命令行中输入字母"JX"，确认。

（2）命令行提示"指定第一个角点或［角点（R）/基础（B）/高度（H）/中心点（C）/倒角（M）/圆角（F）/中心线（L）/对话框（D）］："，输入"M"，确认。

（3）命令行提示"输入选项［现有使用（E）/设置（S）］<使用现有<E>："，输入"S"，确认。出现"倒角设置"对话框。如图 2-3-3 所示。

（4）设置倒角尺寸"5"。

（5）命令行提示"指定第一个角点或［角点（R）/基础（B）/高度（H）/中心点（C）/倒角（M）/圆角（F）/中心线（L）/对话框（D）］："，鼠标任意确定第一点。

（6）命令行提示"指定另外的角点或［面积（A）/旋转（R）］："，输入"@50,36"，确定。

图 2-3-3　"倒角设置"对话框

（7）完成倒角矩形的绘制。

（8）在步骤（2）中输入"F"，根据命令行的提示完成图 2-3-2（c）圆角矩形的绘制。

> **要点提示：**
> 
> （1）绘制矩形的快捷键有"JX"和"REC"两种，两种绘制方法命令行提示不同。
> 
> （2）指定第一个点后拖出大小，可输入 X、Y 的长度，注意 X、Y 轴的正负方向。
> 
> （3）绘制矩形时，先设置倒角或圆角的大小，再来输入 X、Y 长度的大小。
> 
> （4）注意：倒角和圆角设置后会成为默认值，再次绘制的话要将其设置值改为零才能绘制图 2-3-2（a）所示的矩形。

【想一想】

(1) 若命令行输入"REC",命令行菜单有哪些?

(2) 如图2-3-4所示,矩形采用偏移工具操作,矩形内、外形成的偏移对象如何?与直线偏移后的区别是什么?

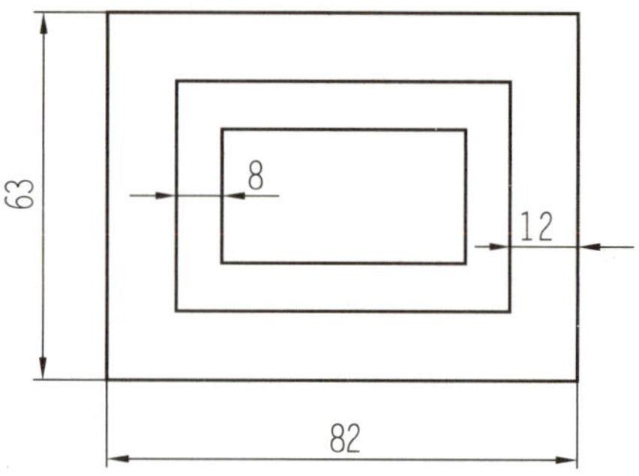

图2-3-4 矩形偏移

## 二、"多段线"工具操作

用"多段线"命令完成图2-3-5的绘制。操作步骤如下。

(1) 在菜单中单击"多段线"工具命令,或在命令行输入字母"PL",确认。

(2) 命令行提示"指定多段线的起点或<最后点>:",单击任一点为起点,确定。

(3) 命令行提示"指定下一点或[圆弧(A)/半宽(H)/长度(L)/撤销(U)/宽度(W)]:",输入长度"50",用"Tab"键转换为角度方式,输入"45",确认。

(4) 命令行提示"指定下一点或[圆弧(A)/闭合(C)/半宽(H)/长度(L)/撤销(U)/宽度(W)]:",鼠标水平放置,输入"65",确认。

(5) 命令行提示"指定下一点或[圆弧(A)/闭合(C)/半宽(H)/长度(L)/撤销(U)/宽度(W)]:",输入长度"42",用"Tab"键转换为角度方式,输入"30",确认。

(6) 命令行提示"指定下一点或[圆弧(A)/闭合(C)/半宽(H)/长度(L)/撤销(U)/宽度(W)]:",鼠标竖直放置,在与起点自动对齐处单击。如图2-3-6所示。

(7) 命令行提示"指定下一点或[圆弧(A)/闭合(C)/半宽(H)/长度(L)/撤销(U)/宽度(W)]:",输入"C",确认。

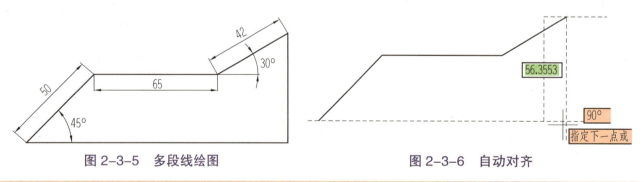

图2-3-5 多段线绘图　　　　图2-3-6 自动对齐

**要点提示:**

(1) 直线命令与多段线命令很多时候可以互换使用。

(2) 多段线画出的各段组成的图形是一个整体,选择对象时可一次选取。

【想一想】

分别用"多段线""直线""矩形"工具绘制的相同尺寸矩形有何不同?

## 三、"分解"  工具的操作

用"分解"命令分解圆角矩形,如图2-3-7所示。操作步骤如下。

(1)在菜单中单击"分解"命令,或在命令行输入字母"X",确认。

(2)命令行提示"选择对象:",单击矩形,确定。

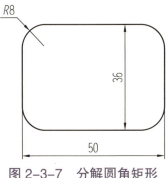

图 2-3-7 分解圆角矩形

> **要点提示:**
> 分解后的对象可以单个编辑。

## 四、"椭圆"命令操作

用"椭圆"命令完成图2-3-8中椭圆的绘制。操作步骤如下。

(1)在绘图菜单中单击"椭圆"命令,或在命令行输入字母"EL",确认。

(2)命令行提示"指定椭圆的第一个端点或 [弧(A)/中心(C)]:",输入"C",确认。

(3)命令行提示"指定椭圆的中心:",单击左边椭圆的中心。

(4)命令行提示"指定轴的终点:",鼠标水平放置,输入"15",确认。

(5)命令行提示"指定其他轴 [旋转(R)]:",鼠标竖直放置,输入"5",确认。

(6)完成左边椭圆的绘制。

(7)依照上述椭圆绘制步骤完成右边椭圆的绘制。

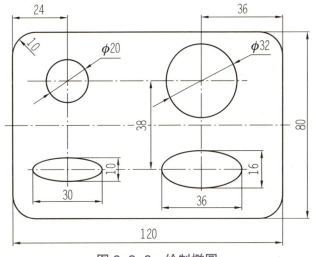

图 2-3-8 绘制椭圆

> **要点提示:**
> (1)画制椭圆时,有两种方法,一是指定一条整轴的长度再去绘制另外一条半轴长度;二是已知中心点和两条半轴长度。
> (2)绘制出椭圆弧时先绘制完整的椭圆部分,然后直接截取其中一段,其中输入椭圆弧的起始和终止角度是将弧逆时针旋转出来的。

【想一想】

如图2-3-9所示,采用圆、椭圆和椭圆弧工具形成图形,不要求标注。

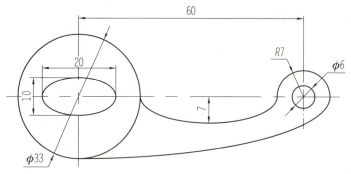

图 2-3-9 练习图

## 五、"中心线"命令操作

用"中心线"命令完成图 2-3-8 中的绘制。操作步骤如下。

（1）使用"矩形"命令，绘制圆角矩形。

（2）使用"偏移"命令，绘制圆及椭圆的中心。

（3）使用"圆"命令，绘制 $\phi$20、$\phi$32 的圆。

（4）使用"移动"命令，将绘制的椭圆移到矩形中。

（5）使用"分解"命令，分解圆角矩形。

（6）在机械菜单中单击"中心线"命令，或在命令行输入字母"ZX"，确认。

（7）命令行提示"选择线、圆、弧、椭圆、多段线或 [中心点（C）/单条中心线（S）/批量增加中心线选择圆、弧、椭圆（B）/同排（R）/设置出头长度（E）]<批量增加（B）>："，输入"E"，确定。

（8）命令行提示"请输入中心线出头长度："，输入"3"，确定。

（9）命令行提示"选择线、圆、弧、椭圆、多段线或 [中心点（C）/单条中心线（S）/批量增加中心线选择圆、弧、椭圆（B）/同排（R）/设置出头长度（E）]<批量增加（B）>："，分别单击 $\phi$20、$\phi$32 的圆，椭圆，确定。

（10）命令行提示"选择线、圆、弧、椭圆、多段线或 [中心点（C）/单条中心线（S）/批量增加中心线选择圆、弧、椭圆（B）/同排（R）/设置出头长度（E）]<批量增加（B）>："，单击矩形上边。

（11）命令行提示"选择另一直线："，单击矩形下边。

（12）命令行提示"确定起点位置："，单击矩形左边中心线起点位置。

（13）命令行提示"确定终止点："，单击矩形右边中心线终点位置。

（14）重复上面步骤完成竖直中心线绘制。

**要点提示：**

（1）圆角矩形如果是用"矩形"命令画出的，无法直接画中心线，需要先分解成单个对象，才可以用"中心线"命令进行编辑。

（2）中心线的出头长度可以先设定，再使用，可以避免最后单条去修改，提高绘图速度。

## 六、"复制" 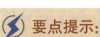工具操作

用"复制"命令完成图2-3-10的绘制。操作步骤如下。

（1）在菜单中单击"复制" 工具命令，或在命令行输入字母"CO"，确认。

（2）命令行提示"选择对象："，单击左侧需要复制的圆，确定。

（3）命令行提示"指定基点或［位移（D）/模式（O）］<位移>："，单击所复制圆的圆心，确定。

（4）命令行提示"指定第二点的位移或者［阵列（A）］<使用第一点当做位移>："，依次单击需要放置圆的圆心位置。

（5）按空格键或按Esc键结束命令。

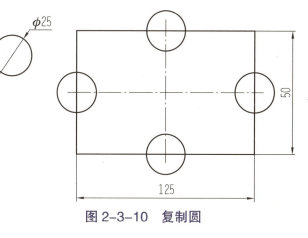

图2-3-10 复制圆

**要点提示：**

（1）先选择对象以后，点"复制"工具，直接选择基点进行复制，可按点对点方向，或坐标及极坐标方式进行复制。

（2）若先点"复制"工具，再点对象后，须确定以后才能复制。

## 七、"阵列"工具操作

用"阵列"命令完成图2-3-11所示的绘制。操作步骤如下。

（1）在菜单中单击"阵列" 工具命令，或在命令行输入字母"AR"，确认。

（2）出现"阵列"对话框，如图2-3-12所示。

（3）点选"环形矩阵"、"选择对象"图标。

（4）命令行提示"选择对象："，选择需要阵列的圆，确定。

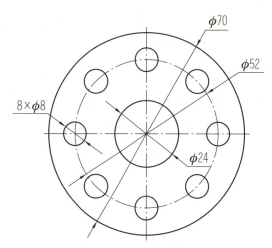

图2-3-11 圆形阵列

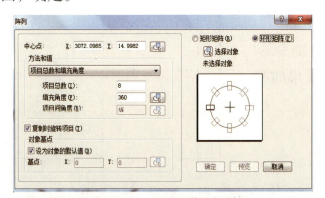

图2-3-12 "阵列"对话框

（5）点选"中心点"图标。

（6）命令行提示"指定阵列中心点："，点选φ52的圆心，确定。

（7）设置项目总数为"8"，填充角度"360"，确定。

> **要点提示：**
> （1）若采用矩形矩阵，则列偏移为 $X$ 轴的距离值，行偏移为 $Y$ 轴的距离值。
> （2）注意采用矩形矩阵时，如果行偏移为负值，则行添加在下边；如果列偏移为负值，则列添加在左边。也通过拾取来确定距离值。

【想一想】

如图 2-3-13 所示，采用矩形矩阵工具形成图形，不要求标注，矩形大小可自定义。

图 2-3-13　练习图

### 1. 创建图形文件

双击中望 CAD 机械教育版软件图标，单击试用，进入中望 CAD 机械教育版界面，默认文件名 Drawing1.dwg。

### 2. 调入图幅

（1）在命令行输入"TF"，弹出"图幅设置"对话框，选择 A3 图幅，绘图比例 1∶1，布置方式横置，点击"确定"。

（2）点击空格键，确认新的绘图区域中心及更新比例的图形。

（3）点击空格键或鼠标确认目标位置。

### 3. 设置图层

（1）单击"图层特性"图标，弹出"图层特性管理器"对话框。

（2）将轮廓实线层、中心线层的颜色设为默认，其线宽分别设置成 0.5mm、0.25mm，设置完成后，关闭"图层特性管理器"对话框。

### 4. 绘制中心线

（1）将"中心线"图层设置为当前图层。

（2）选择"矩形"工具或者输入快捷命令"JX"，绘制 174×141 矩形框。

（3）选择"中心线"工具或者输入快捷命令"ZX"，鼠标左键单击矩形，画出矩形中心线。效果如图 2-3-14 所示。

### 5. 绘制底板圆孔

（1）将"轮廓实线层"图层设置为当前图层。

（2）选择"圆"工具或者输入快捷命令"C"，

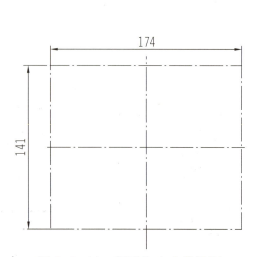

图 2-3-14　矩形和中心线绘制

分别绘制 $\phi19$、$\phi20$ 的圆。

（3）选择"阵列" 工具或者输入快捷命令"AR"，选择 $\phi19$ 的圆为阵列对象，设置 2 行，3 列，行偏移 -141，列偏移 87，点击"确定"。参数如图 2-3-15 所示，图形效果如图 2-3-16 所示。

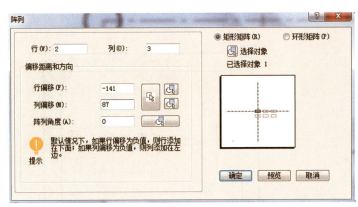

图 2-3-15 "阵列"对话框

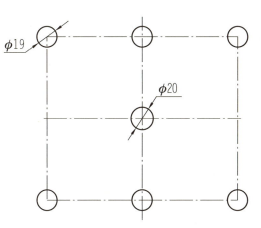

图 2-3-16 阵列后的图形

### 6. 绘制底板圆弧

（1）选择"圆" 工具或者输入快捷命令"C"，绘制底板上部 $R16.5$ 的三个圆。

（2）选择"直线" 工具或者输入快捷命令"L"，绘制三个圆之间的直线及左右垂直线。

（3）选择"修剪" 工具，或者输入快捷命令"TR"，修剪多余线段。

（4）选择"镜像" 工具，或者输入快捷命令"MI"，以水平中心线为镜像线，绘制底板的下半部分圆弧。图形效果如图 2-3-17 所示。

### 7. 绘制底板公切线

选择"公切线" 工具，或者输入快捷命令"GQ"。绘制四个底角圆弧的公切线。图形效果如图 2-3-18 所示。

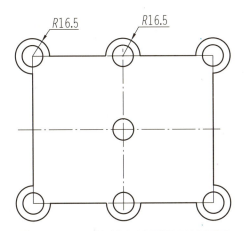

图 2-3-17 绘制底板圆弧后的图形

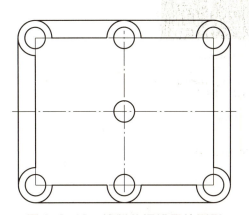

图 2-3-18 绘制公切线后的图形

### 【想一想】

如图 2-3-18 所示中的公切线能否用"直线"工具绘制，有何不同？

### 8. 绘制底板矩形槽

(1)选择"偏移" 工具或者输入快捷命令"O",分别输入29、24、7、11、12.5,将垂直线和中心线进行偏移。图形效果如图2-3-19所示。

(2)选择"直线" 工具或者输入快捷命令"L",绘制矩形槽相关尺寸。

(3)选择"修剪" 工具,或者输入快捷命令"TR",修剪多余线段。图形效果如图2-3-20所示。

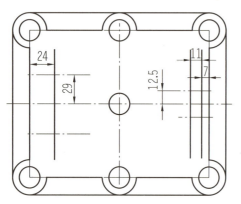
图2-3-19 绘制偏移后的图形

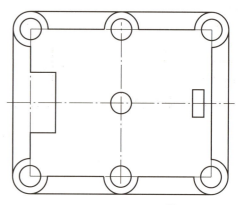
图2-3-20 矩形槽

(4)在命令行输入"DJ",出现提示"选择第一个对象或[多段线(P)/设置(S)/添加标注(D)]<设置>:",输入"S",弹出"倒角设置"对话框,选择合适的倒角类型,倒角长度为5,如图2-3-21所示。完成倒角的绘制,图形效果如图2-3-22所示。

(5)选择"复制" 工具,或者输入快捷命令"CO",选择底板矩形为复制对象,指定中心线左端点为基点,距离为25,完成矩形的复制,如图2-3-23所示。

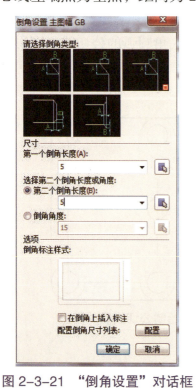
图2-3-21 "倒角设置"对话框

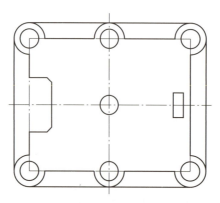
图2-3-22 绘制倒角后的图形

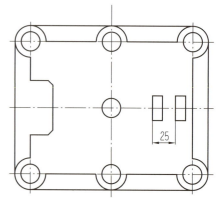
图2-3-23 矩形复制后的图形

（6）处理中心线，使中心线超出轮廓 3~5mm。选择"拉长" 工具，或者输入快捷命令"LEN"，选用递增（DE）方式，选取中心线，输入"3"，将中心线超出轮廓 3mm。或者鼠标直接点击选取中心线，再单击十字框"　"位置，输入"3"，点回车键确定。

### 9. 保存文件

（1）单击左上角"文件"菜单栏下"另存为"，或用快捷键"Ctrl+Shift+S"，调出"另存为"对话框。

（2）选择文件保存位置，更改文件名为底板，文件类型选用低版本均可使用。

**要点提示：**

中心线的长度不好控制时可以先用"修剪"工具剪掉多余线，再进行拉长，方便控制出头长度。

## 任务小结

绘图常用命令如表 2-3-1 所示。

表 2-3-1　中望机械绘图常用命令一览表

| 项目 | 快捷键 | 项目 | 快捷键 |
| --- | --- | --- | --- |
| 矩形 | JX | 复制 | CO |
| 多段线 | PL | 阵列 | AR |
| 中心线 | ZX | 分解 | X |

## 巩固练习

如图 2-3-24 所示，请根据下列图形形状及尺寸，用适当的命令绘图，不要求标注尺寸。

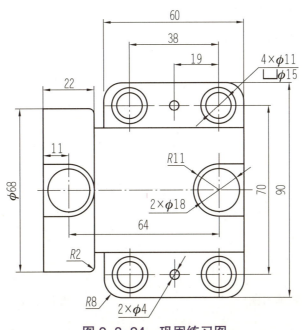

图 2-3-24　巩固练习图

## 任务评价

如表 2-3-2 所示,根据学生自评、组内互评和教师评价将各项得分,以及总评内容和得分填入表中。

表 2-3-2 考核评价表

| 任务内容 | 评价内容 | 配分 | 学生自评 | 组内互评 | 教师评价 |
|---|---|---|---|---|---|
| 绘制底板 | 图层设置 | 5 | | | |
| | 线型应用 | 5 | | | |
| | 命令应用 | 20 | | | |
| | 快捷键 | 10 | | | |
| | 尺寸 | 30 | | | |
| 巩固练习 | 成图 | 30 | | | |
| 总计得分 | | 100 | | | |

## 拓展练习

(1)如图 2-3-25 所示,请根据下列图形形状及尺寸,用适当的命令绘图,不要求标注尺寸。

(2)如图 2-3-26 所示,请根据下列图形形状及尺寸,用适当的命令绘图,不要求标注尺寸。

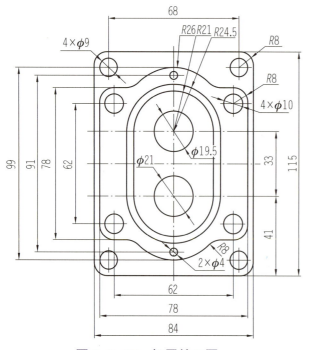

图 2-3-25 拓展练习图一

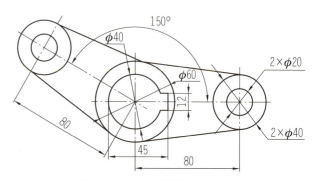

图 2-3-26 拓展练习图二

## 任务 4　绘制异形板

异形板

### 任务目标

（1）掌握"定数等分""定距等分""正多边形""延伸""旋转""打断""缩放"等常用绘制工具及修改工具命令的功能。

（2）熟练应用绘制工具命令及修改工具命令绘制各种异形板的平面图形。

### 任务内容

如图 2-4-1 所示，运用中望 CAD 机械教育版软件绘制异形板。

### 任务分析

该平面图形为异形板，由中心线层和轮廓实线层构成，可采用"直线""圆""圆角""公切线""修剪""偏移""删除"等命令来完成该平面图形的绘制。

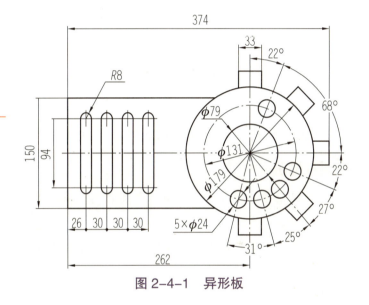

图 2-4-1　异形板

### 知识链接

### 做中教

## 一、"定数等分" ※ 工具操作

如图 2-4-2 所示，用"定数等分"命令将直线六等分。操作步骤如下。

图 2-4-2　定数等分

（1）在菜单中单击"点" ∴ 工具命令，或在命令行输入字母"PO"，确认。

（2）命令行出现提示"指定点定位或［设置（S）/多次（M）］："，输入"S"，确定。

（3）出现"点样式"对话框，如图2-4-3所示。选择清晰可见的点的样式和大小，确定。

（4）在菜单中单击"定数等分" ⊗工具命令，或在命令行输入字母"DIV"，确认。

（5）命令行提示"选取分割对象："，单击直线。

（6）命令行提示"输入分段数［块（B）］："，输入"6"，确认。

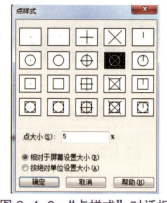

图 2-4-3  "点样式"对话框

## 二、"定距等分" ⊗工具操作

用"定距等分"命令完成图2-4-4的绘制。操作步骤如下。

图 2-4-4  定距等分

（1）在菜单中单击"定距等分" ⊗工具命令，或在命令行输入字母"ME"，确认。

（2）命令行提示"选取测量对象："，单击直线左侧。

（3）命令行提示"指定分段长度或［块（B）］："，输入"23"，确认。

> **要点提示：**
> 
> （1）定距等分操作时，选取测量对象时，在直线左侧单击，则从左至右进行等分；在直线右侧单击，则从右至左进行等分。
> 
> （2）若在对象捕捉中设置选中某点，则将"节点"选中。

**【想一想】**

两种等分方式有何不同？各应用在什么场合？

## 三、"正多边形" ⬠工具操作

用"正多边形"命令完成图2-4-5的绘制。操作步骤如下。

（1）在菜单中单击"正多边形" ⬠工具命令，或在命令行输入字母"POL"，确认。

（2）命令行提示"输入边的数目或［多个（M）/线宽（W）］："，输入"3"，确定。

（3）命令行提示"指定正多边形的中心点或［边（E）］："，点击圆心，确认。

（4）命令行提示"输入选项［内接于圆（I）/外切于圆（C）］："，输入"I"，确认。

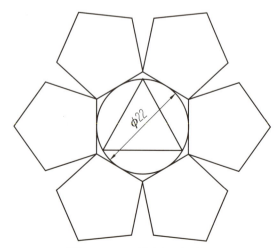

图 2-4-5  绘制正多边形

（5）命令行提示"指定圆的半径："，鼠标放于合适位置，输入"11"，确认。图形效果如图 2-4-6 所示。

（6）重复以上步骤，完成外切正六边形，效果如图 2-4-7 所示。

（7）重复以上步骤，第三步中输入"E"，确认。完成正五边形，图形效果如图 2-4-8 所示。

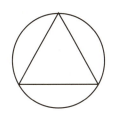
图 2-4-6 内接正三角形

图 2-4-7 外切正六边形

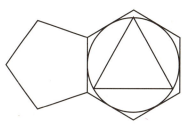
图 2-4-8 正五边形

（8）在菜单中单击"阵列" 工具命令，或在命令行输入字母"AR"，确认。设置环形阵列项目总数 6，阵列角度 360，确认。图形效果如图 2-4-9 所示。

> **要点提示：**
> （1）内接于圆：中心点到角点的距离为半径值。
> （2）外切于圆：中心点到边的中点为半径值。

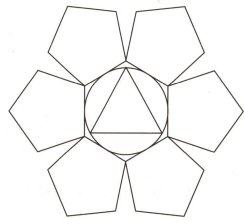
图 2-4-9 正多边形绘制

## 四、"延伸"工具操作

用"延伸"命令完成图 2-4-10 中竖直线的延伸到边的绘制。操作步骤如下。

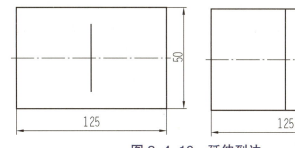
图 2-4-10 延伸到边

（1）在菜单中单击"延伸"工具命令，或在命令行输入字母"EX"，确认。

（2）命令行提示"选取边界对象作延伸＜回车全选＞："，单击矩形上边，确定。

（3）命令行提示"选择要延伸的实体："，选择竖直线。

（4）重复以上操作，完成下方的延伸到边。

> **要点提示：**
> （1）直接点击确定键进行延伸。
> （2）延伸要延伸到另外一个对象上。
> （3）按住"Shift"键是修剪和延伸的切换。

## 五、"旋转"  工具操作

用"旋转"命令完成图 2-4-11 的绘制。操作步骤如下。

（1）在菜单中单击"旋转"⟳工具命令，或在命令行输入字母"RO"，确认。

（2）命令行提示"选择对象："，单击 φ16 的圆，确定。

（3）命令行提示"指定基点："，单击 φ93 的圆心。

（4）命令行提示"指定旋转角度或 [复制（C）/参照（R）]："，输入"C"，确认。

（5）命令行提示"指定旋转角度或 [复制（C）/参照（R）]："，输入"-75"，确认。

（6）重复以上步骤，第五步中输入"60"，确认。

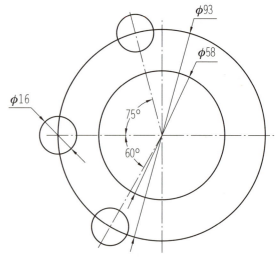

图 2-4-11　旋转工具绘图

⚡ **要点提示：**

（1）角度数值顺时针为负值，逆时针为正值。

（2）若先选择对象后，点旋转工具，直接指定基点进行操作。

## 六、"打断"⧉工具操作

用"打断"命令完成图 2-4-12（a）的绘制。操作步骤如下：

（1）在菜单中单击"打断"⧉工具命令，或在命令行输入字母"BR"，确认。

（2）命令行提示"选取切断命令："，单击 A 点。

（3）命令行提示"指定第二切断点或 [第一切断点（F）]："，单击 B 点。

（4）重复以上步骤，先选取 B 点，再选取 A 点，得到图 2-4-12（b）所示。

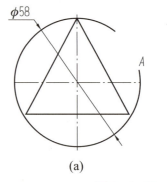 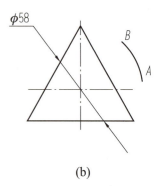

　　　（a）　　　　　　　　（b）

图 2-4-12　打断命令绘图

⚡ **要点提示：**

（1）打断是将对象上两点之间的部分减去，整体对象是逆时针打断的，且第一次选择点为第一点。若第一次选择不准确，还可单击右键重新进行第一点的选择。

（2）命令打断于点，是将对象上按照一个点切成两个对象，但该命令不能将圆和椭圆分为两个对象。

【想一想】

（1）打断命令的方向是如何设置的？

（2）选点的先后顺序对图形效果有什么影响？

## 七、"缩放" 工具的操作

用"缩放"命令完成图 2-4-13 的绘制。操作步骤如下。

（1）在菜单中单击"缩放" 工具命令，或在命令行输入字母"SC"，确认。

（2）命令行提示"选择对象："，框选四边形，确定。

（3）命令行提示"指定基点："，单击左下角点。

（4）命令行提示"指定缩放比例或 [复制（C）/参照（R）]："，输入"C"，确认。

（5）命令行提示"指定缩放比例或 [复制（C）/参照（R）]："，输入"2"，确认。

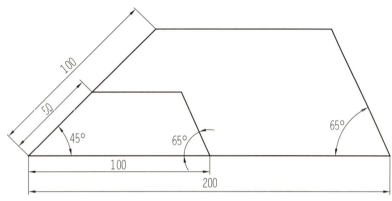

图 2-4-13　缩放绘图

>  要点提示：
>
> （1）用缩放工具中的参照，通过对象中的某个长度进行缩放。
>
> （2）参照长度通过拾取点来完成。

### "做一做"

图 2-4-13 中，将左斜边长度调整为 100 进行参照缩放，请进行绘图。

## 任务实施

 做中学

### 1. 创建图形文件

双击中望 CAD 机械教育版软件图标 ，单击试用图标 ，进入中望 CAD 机械教育版界面，默认文件名 Drawing1.dwg。

### 2. 调入图幅

（1）在命令行输入"TF"，弹出"图幅设置"对话框，选择 A3 图幅，绘图比例 1∶2，布置方式选横置，点击确定。

（2）点击空格键，确认新的绘图区域中心及更新比例的图形。

（3）点击空格键或鼠标确认目标位置。

### 3. 设置图层

（1）单击"图层特性"图标，弹出"图层特性管理器"对话框。

（2）将轮廓实线层、中心线层的颜色设为默认，线宽分别设置成 0.5mm、0.25mm，设置完成后，关闭图层特性管理器对话框。

### 4. 绘制中心线层

（1）将"中心线"图层设置为当前图层。

（2）选择"直线"工具或者输入快捷命令"L"，绘制互相垂直的两条中心线。如图 2-4-14 所示。

（3）选择"旋转"工具或者输入快捷命令"RO"。

命令行提示"选择对象："，单击水平中心线，回车或空格。

命令行提示"指定基点："，单击圆心。

图 2-4-14　垂直中心线

命令行提示"指定旋转角度或[复制（C）/参照（R）]："，输入"C"，回车或空格。

命令行提示"指定旋转角度或[复制（C）/参照（R）]："，输入"68"，回车或空格。

依照此方法进行多次旋转。图形效果如图 2-4-15 所示。

（4）选择"偏移"工具或者输入快捷命令"O"，将垂直线进行偏移 26 和 262。

（5）选择"圆"工具或者输入快捷命令"C"，绘制 φ131 的圆，图形效果如图 2-4-16 所示。

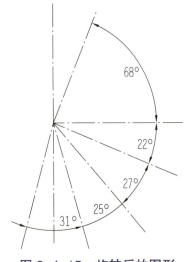

图 2-4-15　旋转后的图形

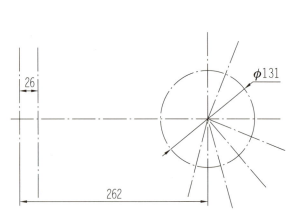

图 2-4-16　绘制圆、偏移后的图形

### 5. 绘制异形板基本轮廓

（1）将"轮廓实线层"图层设置为当前图层。

（2）选择"圆"工具或者输入快捷命令"C"，分别绘制 5×φ24、φ79、φ179 的圆。

（3）选择"直线"工具或者输入快捷命令"L"，绘制直线轮廓。图形效果如图 2-4-17 所示。

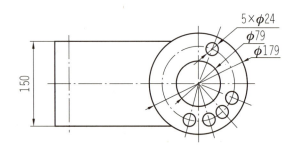

图 2-4-17　绘制圆、直线后的图形

（4）选择"偏移" 工具或者输入快捷命令"O"，将水平中心线上下各偏移47。

（5）选择"圆" 工具或者输入快捷命令"C"，绘制R8的两个圆。

（6）选择"直线" 工具或者输入快捷命令"L"，绘制R8的两个圆的公切线。

（7）选择"修剪" 工具或者输入快捷命令"TR"，修剪多余线段。图形效果如图2-4-18所示。

（8）选择"阵列" 工具或者输入快捷命令"AR"，选择长圆孔（包括中心线）为阵列对象，1行，4列，行偏移0，列偏移30，点击确定。参数如图2-4-19所示，图形效果如图2-4-20所示。

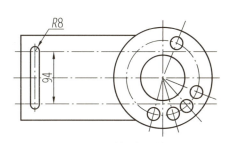

图2-4-18　修剪后的图形

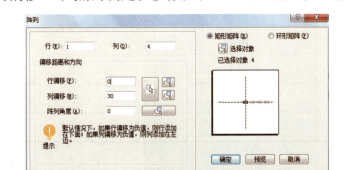

图2-4-19　"阵列"对话框

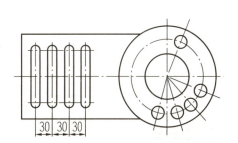

图2-4-20　阵列后的图形

### 6. 绘制异形板耳形

（1）选择"偏移" 工具或者输入快捷命令"O"，将左侧竖直轮廓线偏移374。

（2）选择"直线" 工具或者输入快捷命令"L"，绘制最右侧耳形。

（3）选择"修剪" 工具或者输入快捷命令"TR"，修剪多余线段。

（4）选择"旋转" 工具或者输入快捷命令"RO"，将最右侧耳形依次旋转45°。图形效果如图2-4-21所示。

（5）选择"镜像" 工具或者输入快捷命令"MI"，以水平中心线为镜像线，绘制异形板的下半部分耳形。图形效果如图2-4-22所示。

（6）处理中心线，使中心线超出轮廓3~5mm。选择"拉长" 工具或者输入快捷命令"LEN"，选用递增（DE）方式，选取中心线，输入3，将中心线超出轮廓3mm。

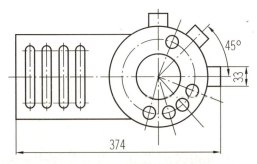

图2-4-21　旋转后的图形

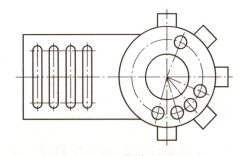

图2-4-22　镜像后的图形

#### 7. 保存文件

(1) 单击左上角"文件"菜单栏下"另存为",或按"Ctrl+Shift+S"键,调出"另存为"对话框。

(2) 选择文件保存位置,更改文件名为异形板,文件类型选用低版本均可使用。

## 任务小结

中望机械绘图常用命令如表 2-4-1 所示。

表 2-4-1 中望机械绘图常用命令一览表

| 项目 | 快捷键 | 项目 | 快捷键 |
| --- | --- | --- | --- |
| 定数等分 | DIV | 旋转 | RO |
| 定距等分 | ME | 打断 | BR |
| 正多边形 | POL | 缩放 | SC |
| 延伸 | EX | | |

## 巩固练习

如图 2-4-23 所示,请根据下列图形形状及尺寸,用适当的命令绘图,不要求标注尺寸。

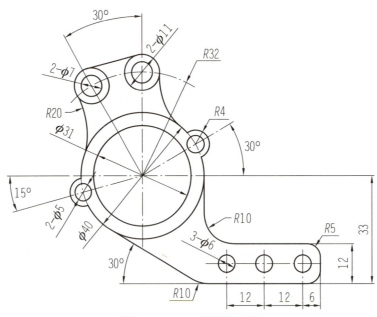

图 2-4-23 巩固练习图

## 任务评价

如表 2-4-2 所示,根据学生自评、组内互评和教师评价将各项得分,以及总评内容和得分填入表中。

表 2-4-2　考核评价表

| 任务内容 | 评价内容 | 配分 | 学生自评 | 组内互评 | 教师评价 |
|---|---|---|---|---|---|
| 绘制异形板 | 图层设置 | 5 | | | |
| | 线型应用 | 5 | | | |
| | 命令应用 | 20 | | | |
| | 快捷键 | 10 | | | |
| | 尺寸 | 30 | | | |
| 巩固练习 | 成图 | 30 | | | |
| 总计得分 | | 100 | | | |

## 拓展练习

（1）如图 2-4-24 所示，请根据下列图形形状及尺寸，用适当的命令绘图，不要求标注尺寸。

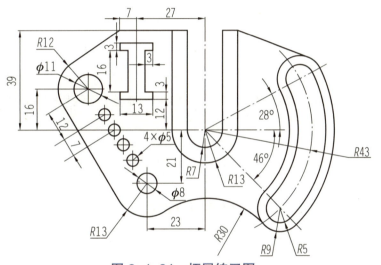

图 2-4-24　拓展练习图一

（2）如图 2-4-25 所示，请根据下列图形形状及尺寸，用适当的命令绘图，不要求标注尺寸。

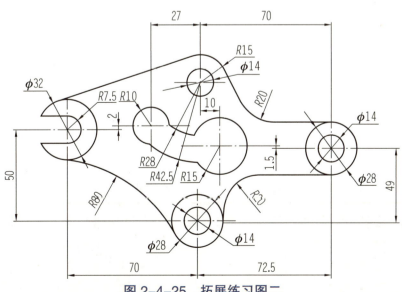

图 2-4-25　拓展练习图二

### 夏立：机械行业的大国工匠

夏立，男，1971年生，汉族，群众，中国电子科技集团公司第五十四研究所钳工，高级技师，单位航空、航天通信天线装配责任人，中国电科首届高技能带头人，于2016年6月成立夏立创新工作室。夏立荣获2016年全国技术能手、河北省金牌工人、河北省五一劳动奖章、河北军工大工匠、2017年北京世纪坛国防邮电产业大国工匠代表。他是一名钳工，但在博士扎堆儿的研究所，博士工程师设计出来的图纸能不能落到实处，都要听听他的意见。

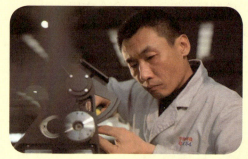

384400千米，是地球到月球的平均距离。0.004毫米，是亚洲最大射电望远镜的天线齿轮间隙的距离，相当于一根头发丝的1/20粗细。这两个差距以亿来计算的数字，由于"嫦娥落月"工程，被紧紧连在一起，而将它们连在一起的，是中国电子科技集团公司第五十四研究所的高级钳工夏立。二十多年的时间里，夏立天天和这些半成品通信设备打交道，在生产、组装工艺方面，夏立攻克了一个又一个难关，创造了一个又一个奇迹。

### 间距的规定

GB/T 14665-2012《机械工程 CAD 制图规则》规定，字体的最小字（词）距、行距以及间隔线或基准线与书写字体之间的最小距离为：

| 字　体 | 最小距离 | |
|---|---|---|
| 汉　字 | 字距 | 1.5 |
| | 行距 | 2 |
| | 间隔线或基准线与汉字的间距 | 1 |
| 字母与数字 | 字符 | 0.5 |
| | 词距 | 1.5 |
| | 行距 | 1 |
| | 间隔线或基准线与字母、数字的间距 | 1 |

注：当汉字与字母、数字混合使用时，字体的最小字距、行距等应根据汉字的规定使用。

# 项目三
# 视图的绘制

## 项目概述

中望 CAD 机械教育版软件为用户提供了功能齐全、便捷的作图方式，可以快速、高效地绘制三视图、全剖视图、半剖视图、向视图等各种图形，还可以对各种尺寸、尺寸偏差、几何公差、基准、粗糙度等进行标注与修改。本项目以压块、轴承座、填料压盖、支撑座的绘制为案例，主要介绍三视图、剖视图的绘制方法以及线性尺寸、角度、锥斜度、公差、粗糙度、基准等内容的标注方法。

如图 3-0-1 所示为本项目思维导图。

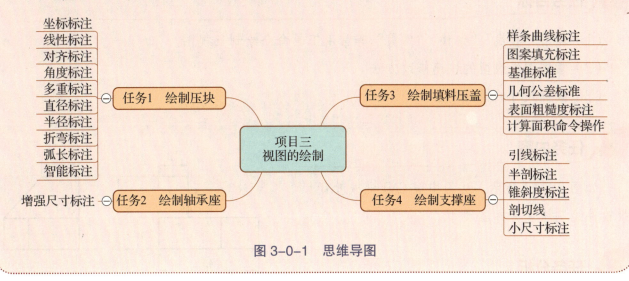

图 3-0-1 思维导图

## 项目目标

**知识目标**

（1）掌握图线线型的快速修改方法。

（2）掌握尺寸及尺寸公差的标注方法。

（3）掌握几何公差与基准的标注方法。

（4）掌握表面粗糙度的标注方法。

**技能目标**

（1）熟练运用相关命令绘制压块图形。

（2）熟练运用相关命令绘制轴承座图形。

（3）熟练运用相关命令绘制填料压盖图形。

（4）熟练运用相关命令绘制支撑座图形。

（5）熟练运用相关命令进行尺寸、公差、表面粗糙度、基准等内容的标注。

**素养目标**

（1）培养团结协作、沟通交流的能力。

（2）培养分析问题、解决问题的能力。

## 任务1　绘制压块

绘制压块

### 任务目标

（1）运用"直线""偏移""修剪"等常用工具命令绘制三视图。

（2）掌握图线线型的快速修改方法。

（3）掌握尺寸的标注方法。

### 任务内容

如图 3-1-1 所示，运用中望 CAD 机械教育版软件绘制压块并标注尺寸。

### 任务分析

该三视图为压块图形，由轮廓实线层、标注层所构成，可采用"直线""修剪""偏移""尺寸标注"等命令来完成该图形的绘制。

压块可分为底板与立板两部分，通过切割叠加而成。

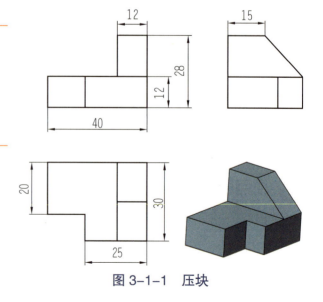

图 3-1-1　压块

## 知识链接

### 做中教

#### 一、"坐标标注"命令操作

（1）单击"标注"菜单中的"坐标标注"命令按钮，根据命令行提示用鼠标拾取直线端点 A，水平移动鼠标至合适位置，点击左键标注该端点的 Y 坐标值，点击空格键再次点选端点 A，垂直移动鼠标至合适位置，点击左键标注该端点的 X 坐标值，同样的方法标注端点 B 的坐标。如图 3-1-2 所示。

（2）单击"机械"菜单中的"尺寸标注"子菜单中的"坐标标注"命令按钮，选取原点或在命令行中输入"0,0"，命令行提示"选取 Y 方向标注点："，点选端点 C，水平移动鼠标至合适位置，点击左键标注该端点的 Y 坐标值，命令行输入 S，切换方向，点击再次点选端点 C，垂直移动鼠标至合适位置，点击左键标注该端点的 X 坐标值，同样的方法标注端点 D 的坐标。如图 3-1-2 所示。

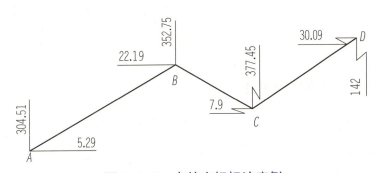

图 3-1-2　点的坐标标注实例

> **要点提示：**
> （1）利用"标注"菜单中的"坐标标注"命令按钮进行标注后，要单击"图层管理器"对尺寸线进行线型转换。
> （2）利用"机械"菜单中"尺寸标注"子菜单中的"坐标标注"命令按钮进行标注，要适当移动标注数字与尺寸线。

#### 二、"线性标注"命令操作

单击"标注"菜单中的"线性"命令按钮或单击"机械"菜单中的"尺寸标注"子菜单中的"长度标注"命令按钮，用鼠标先后拾取线段两端点，移动鼠标可以标注水平或垂直尺寸，如图 3-1-3 所示。

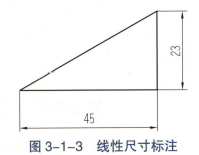

图 3-1-3　线性尺寸标注

> **要点提示：**
> （1）利用"机械"菜单中的"尺寸标注"子菜单中的各个命令按钮进行尺寸标注后，不需要进行线型转换。
> （2）利用"机械"菜单中的"尺寸标注"子菜单中的"水平标注" ↔、"垂直标注" ⊥ 可实现对水平、垂直尺寸的专项标注。
> （3）线性标注的快捷键是"DLI"。

### 三、"对齐标注" 命令操作

单击"标注"菜单中的"对齐标注"命令按钮，或单击"机械"菜单中的"尺寸标注"子菜单中的"对齐标注"命令按钮，用鼠标先后拾取线段两端点，可以标注对齐尺寸，如图3-1-4所示。

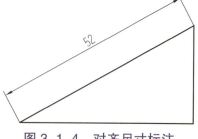

图3-1-4　对齐尺寸标注

> **要点提示：**
> （1）对齐标注的快捷键是"DAL"。
> （2）单击尺寸数字处夹点，等夹点变红后移动鼠标可以调整尺寸线与尺寸数字的位置，转动滚轮放大后可以进行位置微调。

### 四、"角度标注" 命令操作

单击"标注"菜单中的"角度标注"命令按钮，或单击"机械"菜单中的"尺寸标注"子菜单中的"角度标注"命令按钮，用鼠标先后拾取第一条线段和第二条线段，选择合适尺寸位置后单击鼠标左键，完成两直线夹角的标注，如图3-1-5所示。

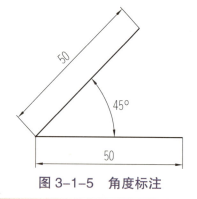

图3-1-5　角度标注

> **要点提示：**
> （1）角度标注的快捷键是"DAN"。
> （2）标注角度时，角度数字一律写成水平方向，一般注写在尺寸线的中断处，必要时也可引出标注。
> （3）单击"标注"菜单中的"角度标注"命令按钮所标注的数字要符合规范，需在标注样式中正确设置；当单击"机械"菜单中的"尺寸标注"子菜单中的"角度标注"命令按钮时，标注的角度要符合规范。

### 五、"多重标注" 命令操作

单击"机械"菜单中的"尺寸标注"子菜单中的"多重标注"命令按钮，选取"平行"

样式后点击确定，如图 3-1-6 所示，选择对象后点击回车键或空格键，根据命令行提示，用鼠标确定第一条尺寸界线的位置后向下移动鼠标，选择合适尺寸位置后单击鼠标左键，完成多重尺寸标注。

多重标注的"平行"样式标注形式如图 3-1-7。

多重标注的"坐标"样式标注形式如图 3-1-8。

调整字间距的"轴/对称"样式标注形式如图 3-1-9。

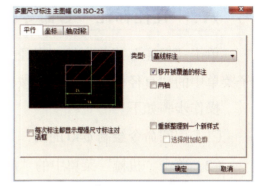

图 3-1-6　多重标注样式选择

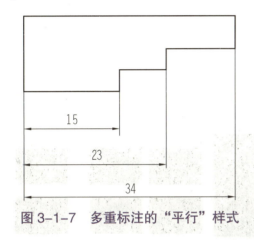

图 3-1-7　多重标注的"平行"样式

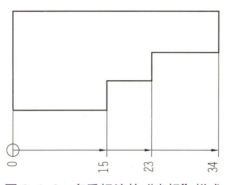

图 3-1-8　多重标注的"坐标"样式

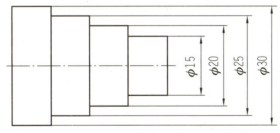

图 3-1-9　多重标注的"轴/对称"样式

## 要点提示：

（1）多重标注的快捷键是"DAU"。

（2）轴/对称样式标注中"中心线的起点"为第一个标注尺寸的位置。

（3）快速修改线型的方法：拾取所要改变的图线，输入相应图层的代号后单击空格键，所选图线就变成相应的线型。如图 3-1-10 所示，选中直线，输入图层代号 4，单击空格键后，图线变为虚线。

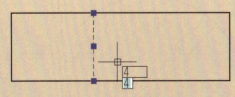 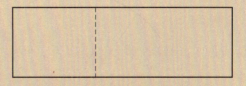

图 3-1-10　快速修改线型

## 六、"直径标注" 命令操作

单击"标注"菜单中的"直径标注"命令按钮，或单击"机械"菜单中的"尺寸标注"子菜单中的"直径标注"命令按钮，对图3-1-11所示绘制的圆进行直径标注。

操作步骤如下。

（1）用圆命令绘制φ40的圆，并绘制出中心线。

（2）单击"机械"菜单中的"尺寸标注"子菜单中的"直径标注"命令按钮。

（3）命令行提示"选择圆弧或圆［退出（X）］："，鼠标选择φ40的圆，确认。

（4）命令行提示"指定尺寸线位置或［线性（L）/半径（R）/折弯半径（J）/选项（O）/配置（C）］＜配置（C）＞："，输入字母"O"，确认。

（5）弹出对话框，如图3-1-12所示，选择相应的图形格式，点击"确定"按钮完成圆的直径标注。

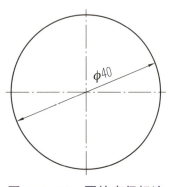

图3-1-11　圆的直径标注

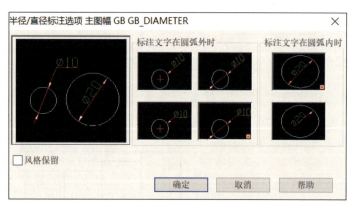

图3-1-12　半径/直径标注选项

> **要点提示：**
>
> 单击"标注"菜单中的"直径标注"命令按钮所标注的数字要符合规范，需在标注样式中正确设置；当单击"机械"菜单中的"尺寸标注"子菜单中的"直径标注"命令按钮时，直径的标注样式通过选项（O）来进行选择，使符合机械规范。

## 七、"半径标注"命令操作

单击"标注"菜单中的"半径标注"命令按钮，或单击"机械"菜单中的"尺寸标注"子菜单中的"半径标注"命令按钮，对图3-1-13所示绘制的圆弧进行半径标注。

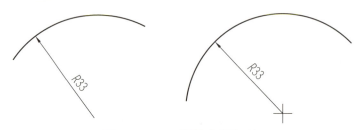

图3-1-13　圆的半径标注

操作步骤如下。

（1）用圆弧命令绘制 R33 的圆弧。

（2）单击"机械"菜单中的"尺寸标注"子菜单中的"半径标注" ⊙ 命令按钮。

（3）根据命令行提示用鼠标选择 R33 的圆弧，确认。

（4）根据命令行提示输入字母"O"，确认后弹出如图 3-1-14 所示的对话框，选择相应的图形格式，点击"确定"按扭，完成圆弧的标注。

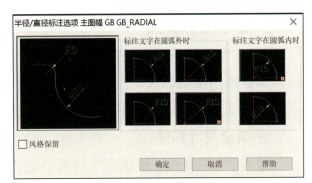

图 3-1-14　半径/直径标注选项

**要点提示：**

（1）单击"标注"菜单中的"半径标注"命令按钮所标注的数字要符合规范，需在标注样式中正确设置；当单击"机械"菜单中的"尺寸标注"子菜单中的"半径标注"命令按钮时，半径的标注样式通过选项（O）来进行选择，使符合机械规范。

（2）如果需要标注出圆弧的圆心位置，可以单击"机械"菜单中的"尺寸标注"子菜单中的"中心记号" ⊕ 命令按钮，拾取圆弧后点击空格确定，就可以标注该圆弧的圆心，如图 3-1-13 所示。

## 八、"折弯标注" 命令操作

单击"标注"菜单中的"折弯标注"命令按钮，或单击"机械"菜单中的"尺寸标注"子菜单中的"折弯标注"命令按钮，根据命令行提示拾取"圆弧"，按命令行提示确定"中心位置替代"，单击鼠标左键，完成大圆弧半径尺寸折弯标注，如图 3-1-15 所示。

## 九、"弧长标注" 命令操作

单击"标注"菜单中的"弧长标注"命令按钮，或单击"机械"菜单的"尺寸标注"子菜单中的"弧长标注"命令按钮，根据命令行提示拾取"圆弧"，移动鼠标至合适位置，单击鼠标左键，完成弧长标注，如图 3-1-16 所示。

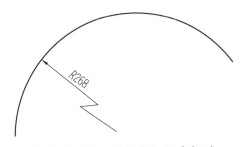

图 3-1-15　圆弧半径折弯标注

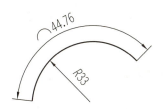

图 3-1-16　弧长标注

**【想一想】**

通过以上命令的学习，你感觉"机械"工具菜单下"尺寸标注"中的各个命令和"标注"工具菜单下的各个标注命令哪个更方便、更快捷呢？

## 十、"智能标注" 命令操作

### 1. 线性尺寸标注

单击"机械"菜单中的"尺寸标注"子菜单中的"智能标注" 命令按钮,或单击"D",按回车键或空格键确认,直接选择直线两个端点,然后鼠标水平移动、垂直移动、对齐移动可对直线尺寸进行相应的水平标注、垂直标注、对齐标注,如图 3-1-17 所示。

### 2. 角度尺寸标注

输入"D"确认,根据命令行提示输入字母"A"确认,然后分别拾取两直线并选取合适的标注位置,点击鼠标左键就可以标注两直线间的角度,如图 3-1-17 所示。

### 3. 圆、圆弧尺寸标注

输入"D"确认,根据命令行提示输入字母"S"确认,拾取圆或圆弧,标注圆、圆弧直径或半径;大圆弧折弯半径标注时按以上步骤选取圆弧线后输入字母"J"确认,指定圆弧圆心和折弯位置,标注圆弧折弯半径,如图 3-1-18 所示。

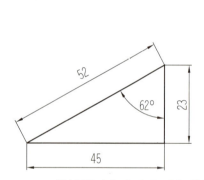

图 3-1-17　线性尺寸与角度尺寸智能标注

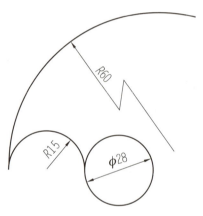

图 3-1-18　圆与圆弧智能标注

**要点提示:**

(1)智能标注的快捷键是"D"。
(2)在输入字母"D"后,按两次空格键,就可直接选择圆弧进行直径或半径标注。
(3)在输入字母"D"后,按两次空格键,选取圆弧后再按下"J"可实现折弯标注。
(4)在输入字母"D"后,按一次空格键,选取斜线后再按下"A"可实现对齐标注。
(5)在输入字母"D"后,按两次空格键,选取圆弧后再按下"A"可实现弧长标注。

**任务实施**

**做中学**

(1)创建图形文件,调入图幅,设置图层。

(2)绘制图形轮廓。

①将"轮廓实线层"图层设置为当前图层。

②绘制底板主视图：输入"L"或利用"JX"命令，绘制长40、高12的矩形，如图3-1-19所示。

③绘制底板俯视图：输入"L"，利用长对正的投影规律绘制出底板的俯视图，并补画主视图底板缺线，如图3-1-20所示。

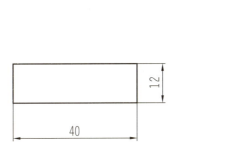

图3-1-19 绘制底板主视图轮廓

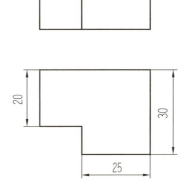

图3-1-20 绘制底板俯视图轮廓

【想一想】

如果利用"JX"命令绘制底板的俯视图，应该怎么做？比较一下两种方法哪种更简单！

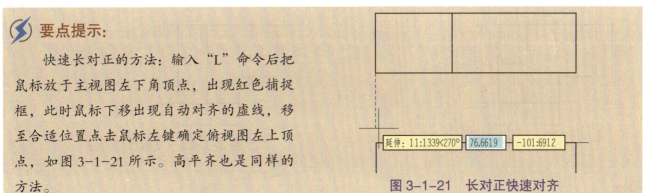

要点提示：

快速长对正的方法：输入"L"命令后把鼠标放于主视图左下角顶点，出现红色捕捉框，此时鼠标下移出现自动对齐的虚线，移至合适位置点击鼠标左键确定俯视图左上顶点，如图3-1-21所示。高平齐也是同样的方法。

图3-1-21 长对正快速对齐

④绘制底板左视图：复制俯视图并粘贴至合适位置，然后旋转90°，利用高平齐、宽相等的投影规律，绘制出底板的左视图，如图3-1-22所示。

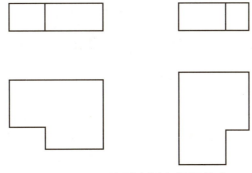

图3-1-22 绘制底板左视图轮廓

【想一想】

（1）如果不用复制、旋转俯视图，你能不能直接利用主、俯视图给出的尺寸直接绘制出左视图呢？

（2）在旋转操作俯视图时，若选择对象后，指定基点的位置在主视图右下角的45°线方向外附近，先输入复制"C"，再输入角度90°，是否操作要快一些？

⑤参照以上步骤绘制出压板的三视图，如图3-1-23所示。

（3）尺寸标注。

①标出底板的长宽高，如图3-1-24所示。

②标出立板的长宽高，如图3-1-25所示。

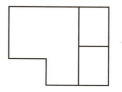

图3-1-23　压板的三视图

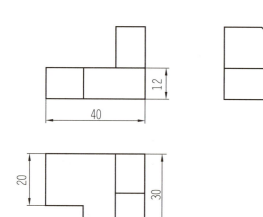

图3-1-24　底板尺寸标注

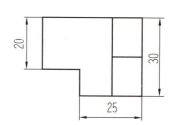

图3-1-25　立板尺寸标注

## 任务小结

标注常用命令如表3-1-1所示。

表3-1-1　中望机械标注常用命令

| 项目 | 快捷键 | 项目 | 快捷键 | 项目 | 快捷键 |
| --- | --- | --- | --- | --- | --- |
| 智能标注 | D | 角度标注 | DAN | 多重标注 | DAU |
| 直径标注 | D+vv+ | 半径标注 | D+vv+ | 折弯标注 | D+vv+J |
| 对齐标注 | D+v+A | 弧长标注 | D+vv+A | 角度标注 | D+A |
| 说明 | v表示空格 | | | | |

## 巩固练习

（1）分析如图 3-1-26 所示图形，用适当的命令绘图并标注尺寸。

（2）分析如图 3-1-27 所示图形，用适当的命令绘图并标注尺寸。

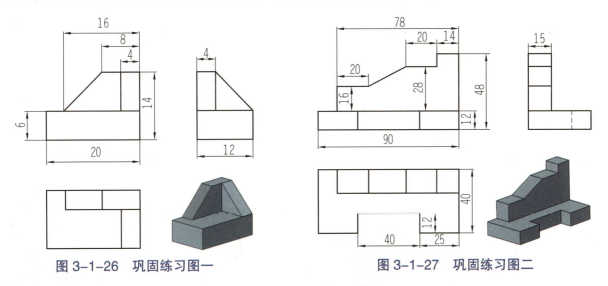

图 3-1-26　巩固练习图一　　　　图 3-1-27　巩固练习图二

## 任务评价

如表 3-1-2 所示，绘制压块与练习图形，根据学生自评、组内互评和教师评价将各项得分，以及总评内容和得分填入表中。

表 3-1-2　考核评价参考表

| 任务内容 | 评价内容 | | 配分 | 学生自评 | 组内互评 | 教师评价 |
|---|---|---|---|---|---|---|
| 绘制压块 | 环境设置 | 图层设置 | 5 | | | |
| | 视图关系 | 长对正 | 5 | | | |
| | | 高平齐 | 5 | | | |
| | | 宽相等 | 5 | | | |
| | 线型使用 | | 5 | | | |
| | 修改工具 | | 15 | | | |
| | 尺寸标注 | | 15 | | | |
| | 快速绘制 | | 15 | | | |
| 巩固练习 | 成图 | | 30 | | | |
| 总计得分 | | | 100 | | | |

**拓展练习**

（1）分析如图3-1-28所示视图，用适当的命令绘图并标注尺寸。
（2）分析如图3-1-29所示视图，用适当的命令绘图并标注尺寸。

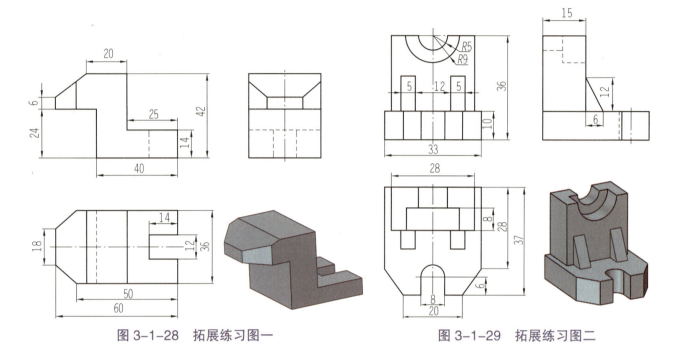

图3-1-28　拓展练习图一　　　　　　图3-1-29　拓展练习图二

## 任务2　绘制轴承座

绘制轴承座

 **任务目标**

（1）运用常用工具命令绘制三视图。
（2）掌握图线线型的快速修改方法。
（3）巩固图线比例的调整方法。
（4）掌握尺寸公差的标注方法。

 **任务内容**

如图3-2-1所示，运用中望CAD机械教育版软件绘制轴承座并标注尺寸。

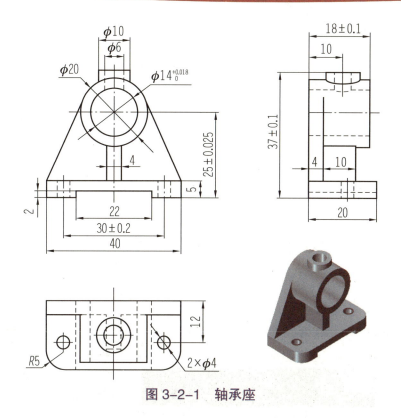

图 3-2-1 轴承座

任务分析

该三视图为轴承座图形，由轮廓实线层、中心线层、虚线层、标注层构成，可采用"直线""圆""圆弧""圆角""修剪""偏移""镜像""尺寸标注"等命令来完成该图形的绘制。

该轴承座可看作由底板、立板、肋板、圆柱体叠加切割而成。

知识链接

做中教

## 一、增强尺寸标注

在零件图中，除了要标注公称尺寸外，还有相应的尺寸偏差及公差需要标注，中望CAD机械教育版软件为用户提供了增强尺寸标注功能，极大地方便了我们对尺寸进行偏差标注与修改，能满足不同形式的尺寸标注。

"增强尺寸标注"对话框如图 3-2-2 所示，对话框包含"一般""检验""几何图形""单位"四个选项卡，包含文字、公差标注、配合代号标注、配合公

图 3-2-2 "增强尺寸标注"对话框

差查询等内容，下面通过实例介绍增强尺寸标注方法。

如图3-2-3所示，图中有线性尺寸、圆弧尺寸、圆尺寸、螺纹尺寸等，每个尺寸带有不同公差或公差代号，具体标注方法如下。

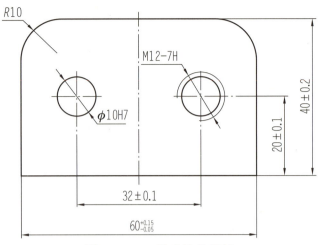

图3-2-3 尺寸偏差标注

### 1. 长度尺寸偏差标注

（1）输入字母"D"确认，单击空格键，选择标注对象按回车键后弹出如图3-2-2所示的"增强尺寸标注"对话框。

（2）单击"添加公差" 命令按钮，弹出如图3-2-4所示的对话框。

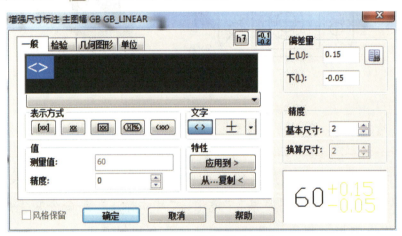

图3-2-4 添加尺寸偏差

（3）在对话框的上、下偏差量处输入偏差值后，单击对话框右下角标注预览"选择公差类型" 工具命令按钮，屏幕上弹出如图3-2-5所示的对话框，选择合适的偏差标注类型，单击"确定"按钮，完成长度尺寸偏差标注，如图3-2-6所示。

图3-2-5 "选择公差类型"对话框

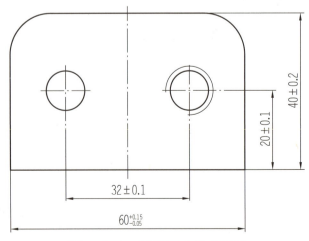

图3-2-6 长度尺寸偏差标注

> **要点提示:**
> （1）双击标注的尺寸也可以弹出"增强尺寸标注"对话框。
> （2）"增强尺寸标注"对话框显示区域中的"< >"表示图中要素原有数值，鼠标放于此单击可以删除进行输入修改。
> （3）如果调用标注偏差，可以在图 3-2-4 所示的对话框中点击"公差查询"，在弹出的对话框中根据需要从不同的选项中选择具体数值。

### 2. 圆、圆弧尺寸偏差标注

输入字母"D"后双击空格键，选择圆或圆弧后按空格键或回车键，弹出"增强尺寸标注"对话框，如图 3-2-2 所示，在该对话框中选择标注符号右边的小三角 工具命令按钮，弹出如图 3-2-7 所示的标注符号对话框，可根据需要添加适当的尺寸符号，还可以点击 3-2-7 中的"@更多符号"去选取。

单击对话框内"添加配合" 工具命令按钮，如图 3-2-8 所示。

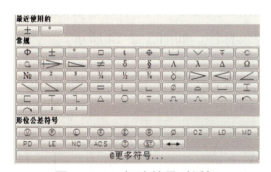

图 3-2-7 标注符号对话框

图 3-2-8 添加配合标注

单击对话框中"公差查询"命令按钮，屏幕上弹出如图 3-2-9 所示的"公差查询"对话框，单击对话框中的"孔公差"命令按钮，在对话框内选择"H7"单击确定后回到"增强尺寸标注"对话框，继续单击"几何图形"命令按钮，屏幕上弹出如图 3-2-10 所示的"几何图形"对话框，在对话框中单击图中"标注风格"命令按钮，弹出如图 3-2-11 所示的"半径/直径标注选项"对话框，选择需要的标注样式，单击"确定"按钮，完成圆、圆弧尺寸的偏差标注。

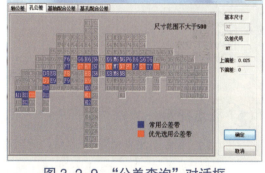

图 3-2-9 "公差查询"对话框

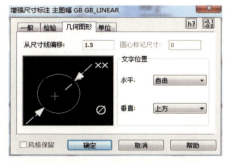

图 3-2-10 "几何图形"对话框

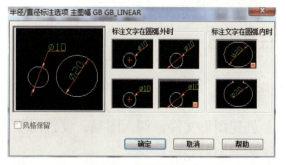

图 3-2-11 "半径/直径标注选项"对话框

**要点提示：**

（1）在大批量生产时尺寸偏差标注常选用基本偏差代号方式。

（2）在单件小批量生产时尺寸偏差标注常选用基本偏差数值方式。

（3）如图 3-2-12 所示主要通过图形分析公差的标注方式，注意在实际的同一个零件图中只允许一种偏差标注方式。

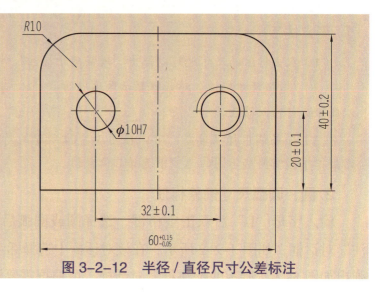

图 3-2-12　半径/直径尺寸公差标注

### 3. 螺纹尺寸标注

输入字母"D"后双击空格键，拾取螺纹大径，继续单击空格键或回车键，弹出"增强尺寸标注"对话框，单击对话框 ▭ 中的右边箭头，弹出如图 3-2-13 所示的对话框，选择对话框中的"M< >"并输入"-7H"，单击"确定"完成螺纹标注，如图 3-2-14 所示。

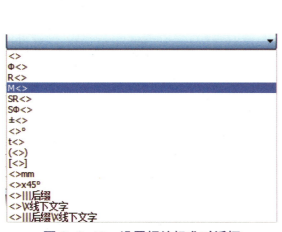

图 3-2-13　设置螺纹标准对话框

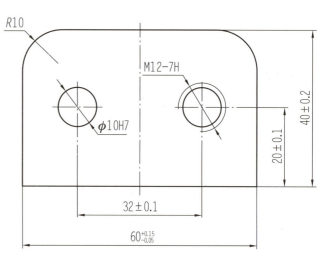

图 3-2-14　螺纹尺寸标注

**要点提示：**

（1）螺纹标注中的字母"M"也可以和后面的"-7H"一起手动输入。

（2）点选图 3-2-13 中含"线下文字"的选项可以实现对孔的复合标注。

## 任务实施

**做中学**

（1）创建图形文件，调入图幅，设置图层。

（2）绘制图形轮廓。

①将"轮廓实线层"图层设置为当前图层。

②在绘图区适当位置绘制三个分别对应的十字线，并将线型修改为中心线，如图3-2-15所示。

③利用"圆"命令在主视图中绘制$\phi$20、$\phi$14，利用"偏移"命令将俯视图中心线向左右各偏移15、向下偏移2，利用"圆"命令在交点处绘制$\phi$4，在俯视图中绘制$\phi$10、$\phi$6，将主视图中水平中心线向下偏移25，再向上偏移12；将俯视图中水平中心线向上偏移10，如图3-2-16所示。

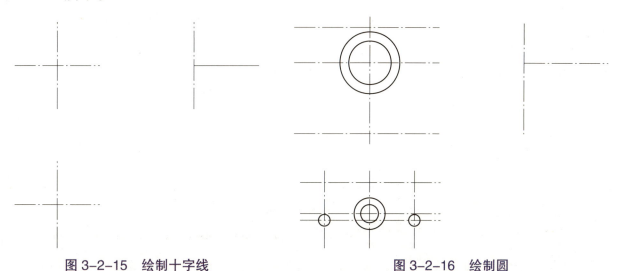

图3-2-15 绘制十字线　　　　图3-2-16 绘制圆

④利用"直线"命令，根据尺寸绘制主视图底部长方形轮廓和上方圆柱的外形轮廓和右侧切线。利用"偏移"命令将中心线先后向右偏移2、3，剪切多余部分并分别转换相应线型，绘成中间肋板右轮廓和上方内孔轮廓线，去掉俯视图中无用辅助线，如图3-2-17所示。

⑤利用"镜像"命令将主视图部分右轮廓进行镜像，如图3-2-18所示。

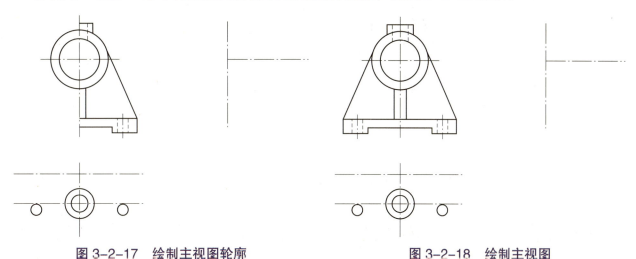

图3-2-17 绘制主视图轮廓　　　　图3-2-18 绘制主视图

⚡ **要点提示：**

（1）寻找切点的方法：输入"L"后点击空格键，点选直线端点后移动鼠标在绘图区单击右键弹出菜单，将鼠标移至"捕捉替换"会继续弹出菜单，在其中点选"切点"，移动鼠标至相应曲线单击左键即可自动捕捉。

（2）当定点画圆弧的切线时，先选定点，再选切点。

（3）如果虚线显示为一条细实线，可以用"Ctrl+1"打开"特性"命令，将"基本"选项中的"线型比例"减小（系统默认是1），如图3-2-19所示。

（4）线型比例的修改可以用快捷命令"LT"，打开"线型管理器"，修改其中的"全局比例因子"，如图3-2-20所示。

图 3-2-19　单个线型比例修改

图 3-2-20　全部图线线型比例修改

⑥利用"直线"命令绘制俯视图与左视图的部分外部轮廓，利用"圆角"命令对俯视图 $R5$ 的圆角进行绘制，利用"对象捕捉"功能拾取"切点"向左视图画出等高线、向俯视图画出等长线到合适位置，如图3-2-21所示。

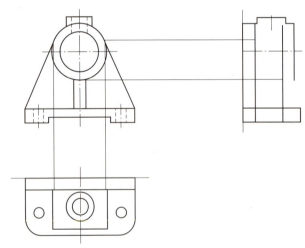

图 3-2-21　绘制俯、左视图轮廓

【想一想】

（1）还记得如何打开"对象捕捉"功能进行选择设置吗？

（2）还记得"圆角"命令的快捷键吗？

（3）还记得"中心线"命令的快捷键吗？

⑦利用"修剪"命令对俯、左视图轮廓进行修剪，如图3-2-22所示。

⑧利用长对正投影关系绘制俯视图不可见轮廓，并将线型转换为虚线并修改线型比例，如图3-2-23所示。

⑨利用高平齐和宽相等的投影关系绘制左视图不可见轮廓，并将线型转换为虚线并修改线型比例，利用"圆弧"命令中的"起点、端点、半径"选项绘制相贯线，利用"中心线"命令添加俯视图中两个小圆的中心线，删除多余辅助线，完成轴承座三视图的绘制，如图3-2-24所示。

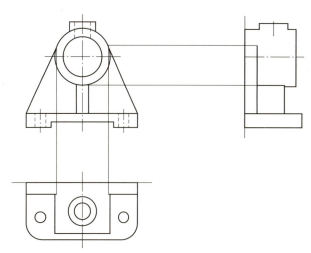

图3-2-22 修剪俯、左视图轮廓

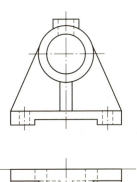
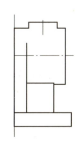
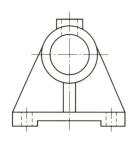
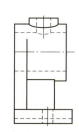
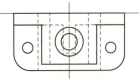
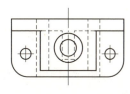

图3-2-23 绘制俯视图不可见轮廓　　　　图3-2-24 绘制左视图不可见轮廓及相贯线

（3）标注尺寸。

①标注轴承座中底板的尺寸，如图3-2-25所示。

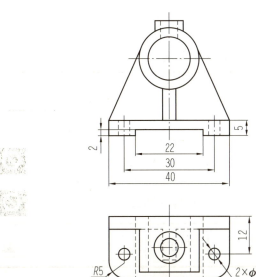
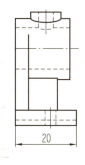

图3-2-25 标注底板尺寸

②标注立板与肋板尺寸,如图 3-2-26 所示。

③标注圆柱体尺寸及公差,如图 3-2-27 所示。

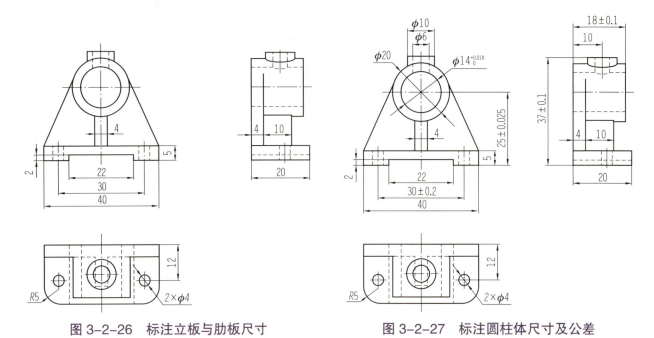

图 3-2-26　标注立板与肋板尺寸　　　　图 3-2-27　标注圆柱体尺寸及公差

## 【想一想】

如果按照逐个视图的顺序对轴承座进行尺寸标注会有什么不同呢?比较一下两种方法的优缺点!

### 要点提示:

尺寸标注的顺序没有严格的对错之分,但是合理的标注顺序会省时高效,既能保证标注合理,也不容易漏掉尺寸,更不会重复标注。

## 任务小结

标注常用项目如表 3-2-1 所示。

表 3-2-1　中望机械标注常用项目

| 项目 | 内容 | 项目 | 内容 |
| --- | --- | --- | --- |
| 尺寸偏差标注 | +0.1 / -0.2 | 螺纹尺寸标注 | |
| 尺寸符号标注 | ± | 直径标注样式 | Ø |
| 偏差样式选择 | 5.00 +0.1 / -0.1 | 半径标注样式 | Ø |
| 尺寸配合标注 | h7 | 标准偏差选择 | |

## 巩固练习

（1）如图 3-2-28 所示，请根据下列图形形状及尺寸，用适当的命令绘图并标注尺寸。

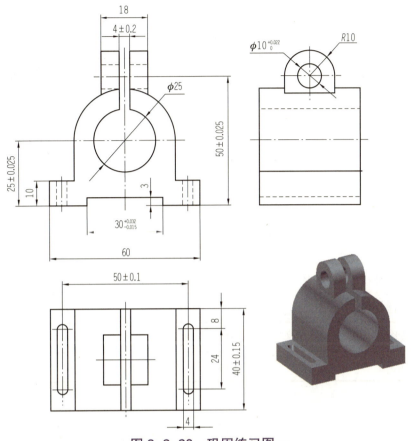

图 3-2-28　巩固练习图一

（2）如图 3-2-29 所示，请根据下列图形形状及尺寸，用适当的命令绘图并标注尺寸。

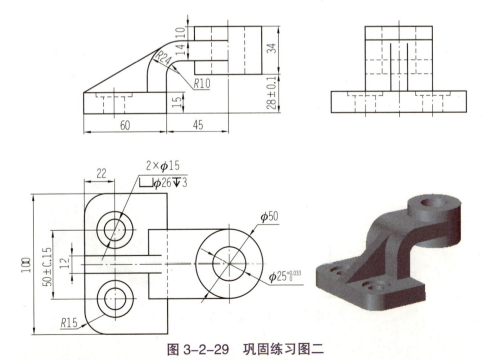

图 3-2-29　巩固练习图二

## 任务评价

如表 3-2-2 所示,绘制轴承座与练习图形,根据学生自评、组内互评和教师评价将各项得分,以及总评内容和得分填入表中。

表 3-2-2 考核评价参考表

| 任务内容 | 评价内容 | | 配分 | 学生自评 | 组内互评 | 教师评价 |
|---|---|---|---|---|---|---|
| 绘制轴承座 | 环境设置 | 图层设置 | 5 | | | |
| | 视图关系 | 长对正 | 5 | | | |
| | | 高平齐 | 5 | | | |
| | | 宽相等 | 5 | | | |
| | 线型使用 | | 5 | | | |
| | 修改工具 | | 15 | | | |
| | 尺寸标注 | | 15 | | | |
| | 快速绘制 | | 15 | | | |
| 巩固练习 | 成图 | | 30 | | | |
| 总计得分 | | | 100 | | | |

## 拓展练习

(1) 分析如图 3-2-30 所示的视图,用适当的命令绘图并标注尺寸。

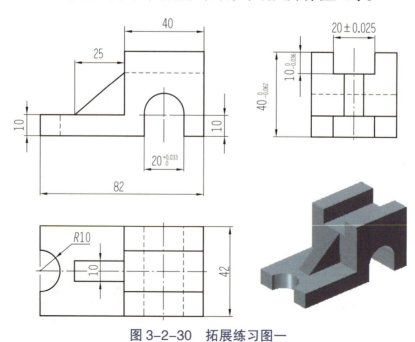

图 3-2-30 拓展练习图一

（2）分析如图 3-2-31 所示的视图，用适当的命令绘图并标注尺寸。

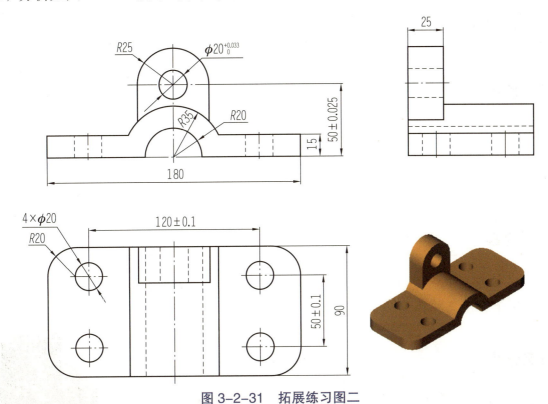

图 3-2-31　拓展练习图二

（3）分析如图 3-2-32 所示的视图，用适当的命令绘图并标注尺寸。

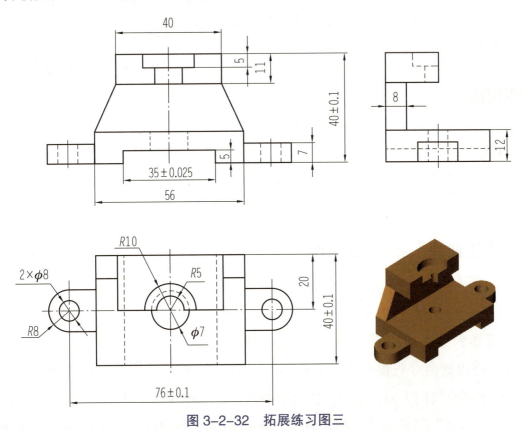

图 3-2-32　拓展练习图三

**任务目标**

（1）巩固常用工具命令绘制三视图。
（2）掌握剖视图与剖面线的绘制，掌握视图的面积计算。
（3）掌握几何公差、表面粗糙度及引出标注的标注方法。

**任务内容**

如图 3-3-1 所示，运用中望 CAD 机械教育版软件绘制填料压盖并标注尺寸。

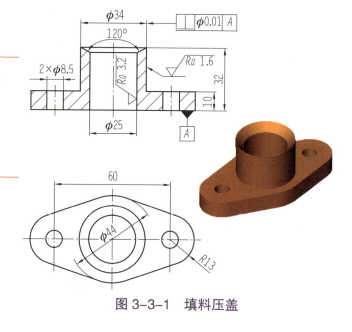

**任务分析**

该三视图为压块图形，由轮廓实线层、标注层构成，可采用"直线""修剪""偏移""尺寸标注"等命令来完成该图形的绘制。该零件是由底板与圆柱体叠加而成的。

图 3-3-1　填料压盖

**知识链接**

**做中教**

为了更清晰地表达零件的内部结构，避免视图中过多的虚线与实线的交叉重叠，常常采用剖视图的方法绘制，以方便读图、画图和标注尺寸，比如全剖视图、半剖视图、局部剖视图等。

## 一、"样条曲线" ～ 命令操作

（1）单击"样条曲线" ～ 命令按钮，根据命令行提示用光标拾取第一点。命令行提示指定下一点，用光标再拾取第二点。同样的方法拾取第三点、第四点、第五点后，单击空格键，可根据命令行提示指定起点切向方向，再次单击空格键指定端点切向方向，单击空格键结束绘制，如图 3-3-2 所示。

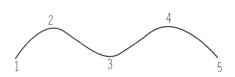

图 3-3-2　样条曲线绘制案例

（2）点选"机械"菜单中"绘图工具"子菜单中的"波浪线" 〜 命令按钮，根据命令行提示用光标拾取起点，再拾取终点，然后输入波段数目 5，单击空格键完成图线绘制。

> **要点提示：**
> （1）样条曲线的快捷键是"SPL"，波浪线的快捷键是"BL"。
> （2）使用"样条曲线"命令时若不考虑端点的切向方向，可在选点完成后连续击打空格键三次以完成绘制。

## 二、"图案填充" 命令操作

单击"图案填充" 命令按钮，或"机械"菜单中"绘图工具"子菜单中的"剖面线" 命令按钮，屏幕上弹出如图 3-3-3 所示的对话框，在对话框中可以设定不同填充图案、设定剖面线倾斜角度、设定剖面线间距（比例）等。

### 1. 填充图案（剖面线类型）设置

在图 3-3-3 所示的对话框中单击"图案" ANGLE 最右边工具按钮，屏幕上弹出如图 3-3-4 "填充图案选项板"对话框，有不同的填充图案选择。也可以单击对话框中的"ISO""其他预定义"按钮，屏幕上弹出图 3-3-5 和图 3-3-6 所示的填充图案，根据需要单击相应的图案图标，再单击"确定"完成填充图案设置。

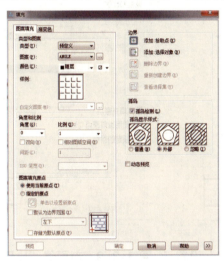

图 3-3-3　图案"填充"对话框

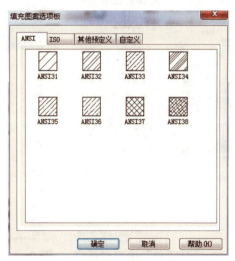

图 3-3-4　"填充图案选项板"对话框

图 3-3-5　"ISO"填充图案选项板对话框

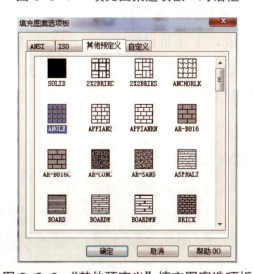

图 3-3-6　"其他预定义"填充图案选项板

> **要点提示：**
> 机械图样中我们常采用的填充图案是"ANSI31""ANSI37"，记住这两个数字序号可以从 ANGLE 下拉箭头中快速选择。

#### 2. 填充颜色设置

在图 3-3-3 所示对话框中单击"渐变色"命令按钮，弹出如图 3-3-7 所示的对话框，有"单色""双色"两个选项，单击需要的图标完成填充颜色设置。

#### 3. 剖面线角度设置

剖面线角度默认为"0"，表示剖面线与图形水平正方形夹角为 45°，如需改变剖面线角度，可在图 3-3-3 所示的对话框中单击"角度"命令下方的箭头按钮，弹出如图 3-3-8 所示的下拉菜单，可对剖面线角度进行设置。

#### 4. 剖面线比例（间距）大小设置

剖面线比例（间距）默认为 1，如需改变可在图 3-3-3 所示的对话框中单击"比例"工具命令下方的箭头按钮，弹出如图 3-3-9 所示的剖面线比例下拉菜单，可对剖面线比例进行设置。

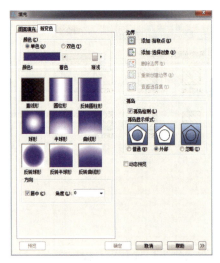
图 3-3-7 "渐变色"填充对话框

图 3-3-8 剖面线"角度"设置

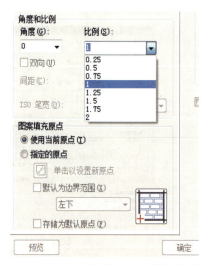
图 3-3-9 剖面线"比例"设置

#### 5. 剖面线绘制实例

完成以上项目设置后，单击 3-3-3 对话框右上角的"添加：拾取点"按钮，根据命令行提示选择填充区域，单击空格键确认，单击"确定"按钮，完成图案填充绘制。如图 3-3-10 所示。

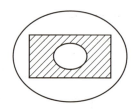
图 3-3-10 剖面线绘制实例

> **要点提示：**
> （1）图案填充的快捷键是"H"。
> （2）选择填充区域后，可双击空格键直接确认完成剖面线的绘制。
> （3）填充区域一定要闭合，而且要能在屏幕全部显示，否则提示"未找到有效边界"。

项目三 视图的绘制 105

**【想一想】**

图 3-3-3 中的"孤岛"选项对填充区域有什么影响？做做试试吧！

## 三、"基准"标注

单击"机械"菜单中"符号标注"子菜单中的"基准"  命令按钮，弹出如图 3-3-11 所示的对话框，可对基准标注内容进行修改，如基准 A、B、C 等；也可以单击"设置"按钮，在弹出的如图 3-3-12 所示对话框中对"箭头样式、箭头大小、颜色、文字"等内容进行设置和修改，修改完成后单击"确定"，用鼠标拾取位置就可以进行基准标注。

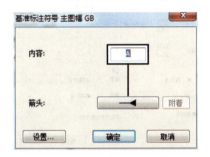

图 3-3-11 "基准标注符号"对话框

图 3-3-12 "基准标注符号设置"对话框

 要点提示：

基准标注的快捷键是"JZ"。

## 四、"几何公差"标注

（1）单击"机械"菜单中"符号标注"子菜单中的"形位公差"（软件内仍用旧标准形位公差）命令按钮，弹出如图 3-3-13 所示的对话框。在"引线"选项卡中点选"主要"和"辅助"旁边的按钮可以对箭头形式进行设置，如图 3-3-14 所示。

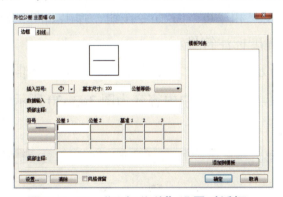

图 3-3-13 "几何公差"设置对话框一

图 3-3-14 "几何公差"设置对话框二

（2）单击图 3-3-13 对话框中图标 ——，屏幕上出现如图 3-3-15 所示的对话框，选择需要标注的几何公差图标单击。

（3）在图 3-3-13 对话框中的"公差 1"下方空格处可以直接填写几何公差数值，并根据需要点选"插入符号"；

图 3-3-15 几何公差符号选择对话框

在"基准1"下方空格处填写基准符号,单击"确定"完成几何公差设置。

如果给出的是公差等级,要在"基本尺寸"按钮 基本尺寸: 100 右侧"100"处点击输入被测要求的基本尺寸,然后点击"公差等级"按钮右侧的下拉箭头选择相应的等级并点击,点选"确定"完成标注设置,如图3-3-16所示。

(4)点击在图3-3-13对话框中的下方的"设置"按钮可以对标注的风格样式、引线、箭头、文字、颜色等进行设置,如图3-3-17所示。

图3-3-16 "几何公差"数值选择对话框

图3-3-17 "几何公差设置"对话框

(5)对准视图中相应的被测要素,单击并移动鼠标完成几何公差标注。

> **要点提示:**
> (1)"几何公差"标注的快捷键是"XW"。
> (2)根据命令行提示可以对公差框格引线方向进行相应弯折调整。
> (3)双击几何公差标注可以对其进行修改。

## 五、"粗糙度"标注

(1)单击"机械"菜单中"符号标注"子菜单中的"粗糙度" ∨ 命令按钮,弹出如图3-3-18所示的对话框,根据需要在对话框中选择不同的粗糙度标注符号。

(2)点选"设置"按钮,弹出如图3-3-19所示对话框,右上角选择"样式标准"为"GB06" GB06 ,点击"确定",此时图3-3-18对话框中内容变为图3-3-20所示的新标准模式。

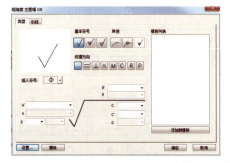

图3-3-18 表面粗糙度参数选择对话框

图3-3-19 表面粗糙度符号设置对话框

（3）在图 3-3-20 对话框中点选"A"选项右侧的下拉箭头，选择表面粗糙度数值，点击右下角"添加到模板"按钮，同样操作可以添加多个，如图 3-3-21 所示。

（4）根据需要双击模板中的表面粗糙度参数后，点击"确定"，在被测要素处点击左键放置，完成表面粗糙度的标注，如图 3-3-22 所示。

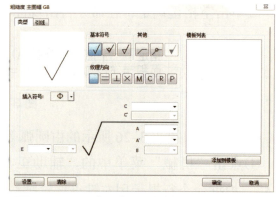

图 3-3-20　表面粗糙度新标准选择对话框

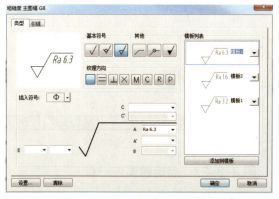

图 3-3-21　表面粗糙度模板添加对话框

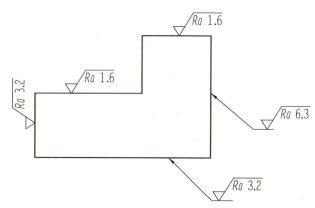

图 3-3-22　表面粗糙度标注案例

**要点提示：**

（1）"粗糙度"标注的快捷键是"CC"。

（2）双击表面粗糙度标注可以对其进行修改。

（3）在点选被测要素后，根据提示"引出引线（L）"输入字母 L 后，移动鼠标实现粗糙度的引出标注。

## 六、"计算面积"命令操作

（1）对于如图 3-3-23 所示由多线段组成的图形，可以采用"面积"命令。

①点击"工具"菜单中的"查询"子菜单中的"面积"命令按扭，根据命令行提示逐个用左键顺次点选图形轮廓的 6 个顶点，如图 3-3-24 所示。

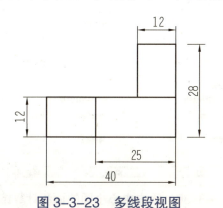

图 3-3-23　多线段视图

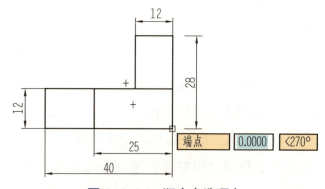

图 3-3-24　顺次点选顶点

②单击空格键确定，在命令行出现面积与周长的数值，如图 3-3-25 所示。

```
指定下一个点或 [圆弧(A)/长度(L)/放弃(U)/总计(T)] <总计>:
面积 = 672.0000, 周长 = 136.0000
```

图 3-3-25　计算结果

（2）对于如图 3-3-26 所示的由圆弧等图线组成的图形，可以采用"计算面积" 命令。

①点击"机械"菜单中的"辅助工具"子菜单中的"计算面积"命令按扭或直接输入"AA"，根据命令行提示用左键点选轮廓线内一点，如图 3-3-27 所示。

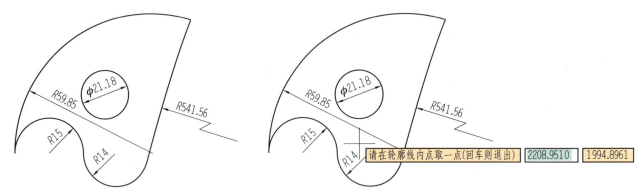

图 3-3-26　特征投影点选择　　　　　图 3-3-27　点选轮廓内一点

②单击空格键确认，弹出如图 3-3-28 所示对话框，显示面积与周长。

③点选图 3-3-28 中"减去"按扭，根据命令行提示用左键点选 $\phi21.18$ 轮廓内一点，如图 3-3-29 所示。

图 3-3-28　面积计算结果

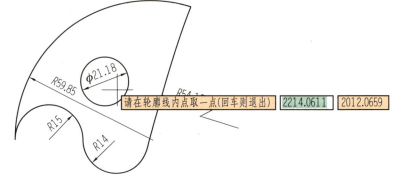

图 3-3-29　点选小圆内一点

④单击空格键确认，弹出如图 3-3-30 所示的对话框，得出除去中间圆孔之外的图形面积及周长。

（3）对于由圆弧组成的图形还可以利用图案填充命令在如图 3-3-31 所示的区域中绘制剖面线，然后直接输入"LI"后单击空格键确认。

根据命令行提示用左键点选剖面线区域，单

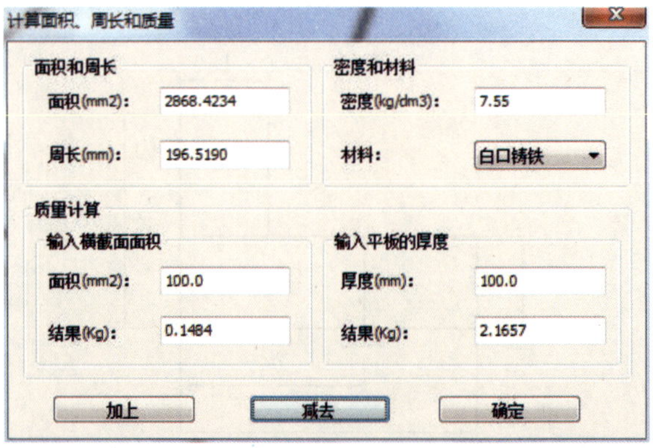

图 3-3-30　除去中心小圆的面积计算结果

击空格键确认,弹出如图 3-3-32 所示的计算结果(这种方法没有周长的结果)。

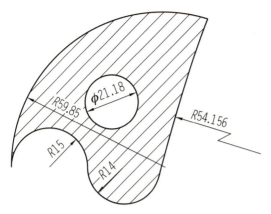

图 3-3-31　绘制剖面线

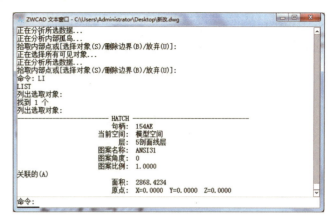

图 3-3-32　面积计算结果

**要点提示:**

(1)"计算面积"的快捷键是"AA"。

(2)"点取面积"的快捷键是"AT"。

(3)利用剖面线计算面积的快捷键是"LI"。

## 任务实施

### 做中学

(1)创建图形文件,调入图幅,设置图层。

(2)绘制图形轮廓。

①将"轮廓实线层"图层设置为当前图层。

②利用"直线"命令在绘图区适当位置绘制三个分别对应的十字线,并将线型修改为中心线,将俯视图中心线向右偏移 30,如图 3-3-33 所示。

③利用"圆"命令绘制俯视图中心圆 $\phi25$、$\phi34$、$\phi44$,右侧圆 $\phi8.5$、$\phi26$,利用"公切线"命令绘制出 $\phi44$ 与 $\phi26$ 的公切线,利用"修剪"命令修剪多余图线,如图 3-3-34 所示。

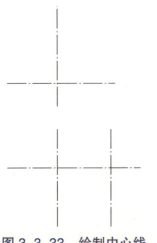

图 3-3-33　绘制中心线

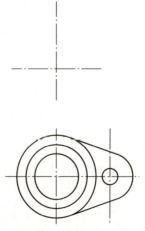

图 3-3-34　俯视图部分轮廓

④利用"镜像"命令对俯视图轮廓镜像,根据长对正的投影关系,利用"直线"命令绘制主视图轮廓,底板高度10,总高度32,利用"修剪"命令修剪多余图线,如图3-3-35所示。

⑤利用"填充"命令在主视图中绘制剖面线,"修剪"图线至合适长度,如图3-3-36所示。

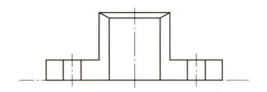
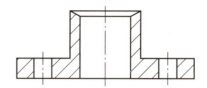

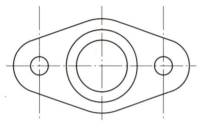
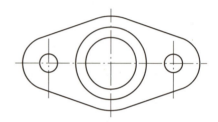

图 3-3-35　绘制主视图轮廓　　　　　　图 3-3-36　绘制剖面线

⑥利用"智能标注"命令对底板尺寸进行标注,如图3-3-37所示。

⑦利用"智能标注"命令对圆柱体尺寸进行标注,如图3-3-38所示。

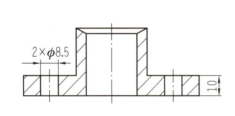
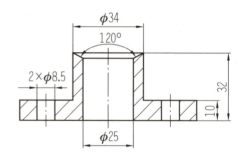

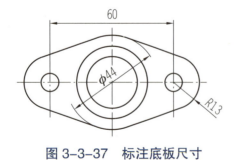
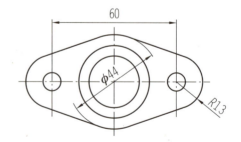

图 3-3-37　标注底板尺寸　　　　　　图 3-3-38　标注圆柱尺寸

⑧利用"基准"命令标注基准,利用"几何公差标注"命令标注垂直度公差,如图3-3-39所示。

⑨利用"粗糙度"命令标注表面粗糙度,完成整个视图的绘制,如图3-3-40所示。

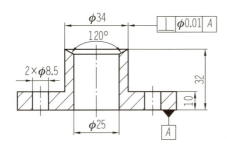
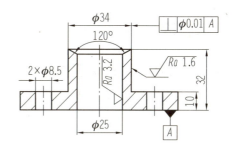

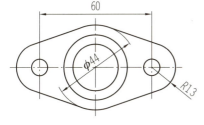
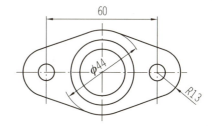

图 3-3-39　标注几何公差　　　　　　　　图 3-3-40　标注表面粗糙度

##  任务小结

中望机械标注常用命令如表 3-3-1 所示。

表 3-3-1　中望机械标注常用命令

| 项目 | 快捷键 | 项目 | 快捷键 | 项目 | 快捷键 |
|---|---|---|---|---|---|
| 基准标注 | JZ | 几何公差标注 | XW | 点取面积 | AT |
| 样条曲线 | SPL | 表面粗糙度标注 | CC | | |
| 波浪线 | BL | 剖面线 | H | | |
| 计算面积 | AA | 图案填充 | H | | |

##  巩固练习

分析如图 3-3-41 所示视图，用适当的命令绘图并进行标注。

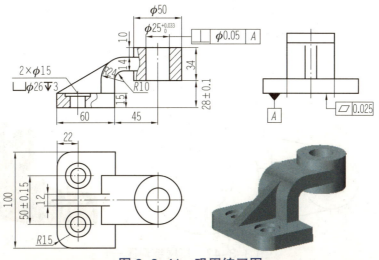

图 3-3-41　巩固练习图

## 任务评价

如表 3-3-2 所示,绘制填料压盖与练习图形,根据学生自评、组内互评和教师评价将各项得分,以及总评内容和得分填入表中。

表 3-3-2 考核评价参考表

| 任务内容 | 评价内容 | | 配分 | 学生自评 | 组内互评 | 教师评价 |
|---|---|---|---|---|---|---|
| 绘制填料压盖 | 环境设置 | 图层设置 | 5 | | | |
| | 视图关系 | 长对正 | 5 | | | |
| | | 高平齐 | 5 | | | |
| | | 宽相等 | 5 | | | |
| | 线型使用 | | 5 | | | |
| | 修改工具 | | 15 | | | |
| | 尺寸标注 | | 15 | | | |
| | 精度标注 | | 15 | | | |
| 巩固练习 | 成图 | | 30 | | | |
| 总计得分 | | | 100 | | | |

## 拓展练习

(1)分析如图 3-3-42 所示视图,用适当的命令绘图并进行标注。

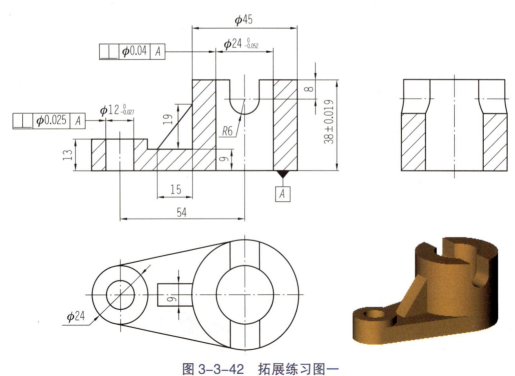

图 3-3-42 拓展练习图一

（2）分析如图 3-3-43 所示视图，用适当的命令绘图并进行标注。

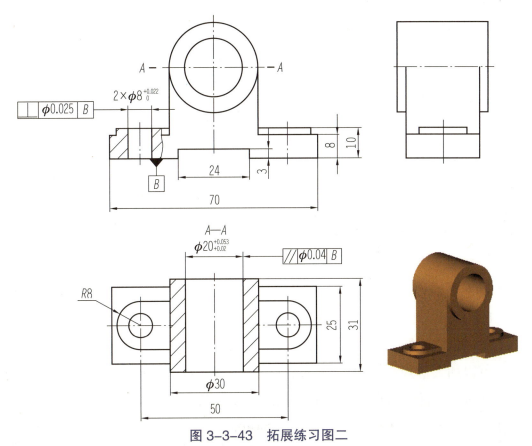

图 3-3-43　拓展练习图二

 任务 4　绘制支撑座

 任务目标

（1）掌握不同剖视方法的综合使用。
（2）掌握锥度和斜度的标注方法。
（3）掌握引出标注与半剖标注的标注方法。
（4）掌握小尺寸的标注方法。

 任务内容

如图 3-4-1 所示，运用中望 CAD 机械教育版软件绘制支撑座并标注尺寸。

绘制支撑座

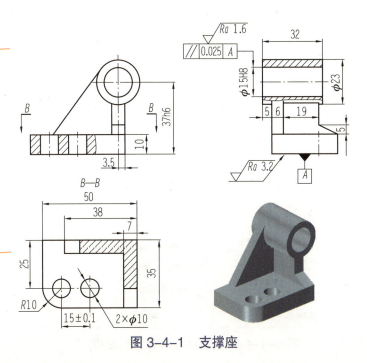

图 3-4-1　支撑座

### 任务分析

该三视图为压块图形，由轮廓实线层、剖面线层、标注层所构成，可采用"直线""圆""修剪""图案填充""智能标注"等命令来完成该图形的绘制。

## 一、"引线标注"的命令操作

（1）单击"机械"菜单中"尺寸标注"子菜单中的"引线标注"命令按钮，弹出如图 3-4-2 所示的对话框，在对话框中的"线上文字"工具命令栏、"线下文字"工具命令栏处填写需要说明的内容。

（2）单击对话框中"插入符号"工具命令按钮后面的小箭头，屏幕上弹出如图 3-4-3 所示的下拉菜单，可以插入常规符号和几何公差符号。填写完对话框内容后单击"确定"按钮，在需要引线标注处点击左键进行标注，完成引线标注和说明。

图 3-4-2 "引线标注"对话框

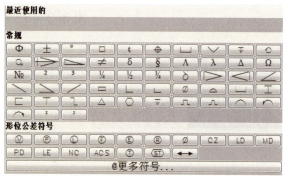

图 3-4-3 插入符号对话框

（3）单击图 3-4-2 对话框下方的"设置"按钮弹出如图 3-4-4 所示对话框，可以对箭头的样式、大小及文字的高度、颜色等进行设置，一般情况下选择默认。

（4）单击图 3-4-2 对话框"引线"标签弹出如图 3-4-5 所示对话框，可以对箭头类型与引线、文字的对齐方式等进行设置，一般情况下也选择默认。

图 3-4-4 "引线标注设置"对话框

图 3-4-5 "引线标注"对话框

（5）引线标注实例。

如图3-4-6所示的标注：两个M6螺纹孔，螺纹深度为12，螺纹底孔深度为15。

①调出"引线标注"对话框。

②在"线上文字"处输入"2×M612"，在"线下文字"处输入"孔15"。

③移动光标至插入位置，在"插入符号"选项中选择"深度"符号 ▽ 。

④单击"引线"选项，将"箭头类型"改为"无"，单击"确定"。

⑤单击所要引出的位置，移动鼠标完成标注。

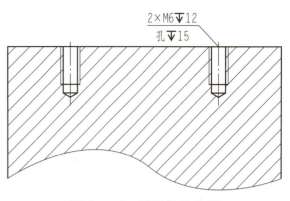

图3-4-6 引线标注实例

## 二、"半剖标注" 的命令操作

（1）单击"机械"菜单中"尺寸标注"子菜单中的"半剖标注"命令按钮。

（2）根据命令行提示，选择并单击"半剖标注的对称中心线"。

（3）单击尺寸界线的原点，移动鼠标至合适位置单击左键完成标注。

（4）重复（2）与（3）完成其他尺寸标注，如图3-4-7所示。

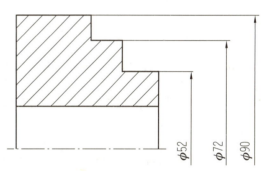

图3-4-7 半剖标注实例

> **要点提示：**
>
> （1）"半剖标注"没有快捷键，可以在命令行输入"ZWMF"。
>
> （2）为了便捷操作可以在"工具"菜单中的"手势精灵"子菜单中选择"设置"，点击弹出如图3-4-8所示对话框，选择"手势"选项并在后面的命令行中填写操作命令"-ZWMHALFALIGNDIM"保存，打开手势精灵就可以快速操作了。
>
> （3）若不知原命令，可以点选相应命令按钮，会在屏幕左下角命令行中出现该命令的英文代码，可以复制到手势精灵命令行中。

图3-4-8 "手势精灵设置"对话框

## 三、"锥斜度标注" 的命令操作

（1）单击"机械"菜单中"符号标注"子菜单中的"锥斜度标注" 命令按钮。

（2）根据命令行提示，选择并单击"基线"，如图3-4-9所示。

图 3-4-9 锥斜度标注实例

（3）根据命令行提示，选择并单击"要附着的对象"，出现如图 3-4-10 所示的对话框，可以对符号类型、符号方向、数值进行选择，也可以对数值进行修改。

（4）点击"确定"按钮后，移动鼠标至合适位置点击左键确认完成标注。

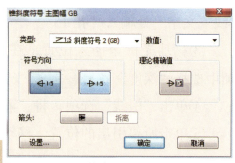

图 3-4-10 "锥斜度符号"选择对话框

> **要点提示：**
> （1）"锥斜度标注"的快捷键是"XD"。
> （2）锥斜度符号方向的选择一定要与锥斜度实际方向一致。

## 四、"剖切线"的命令操作

（1）单击"机械"菜单中"创建视图"子菜单中的"剖切线"命令按钮，如图 3-4-11 所示。

（2）根据命令行提示，用光标拾取左视图上方中心点作为剖切第一点，单击"确认"后，再指定左视图 $\phi20$ 的中心点作为第二个剖切点单击"确认"，再选择 $\phi20$ 与 $R15$ 圆心延长线方向合适位置作为第三个剖切点单击"确认"。

（3）单击空格键后，移动鼠标位置选择箭头方向，再次单击空格键，在弹出如图 3-4-12 所示对话框中输入剖切字母（默认为 A），在此对话框中还可以对视图比例进行选择设置（默认 1:1）。

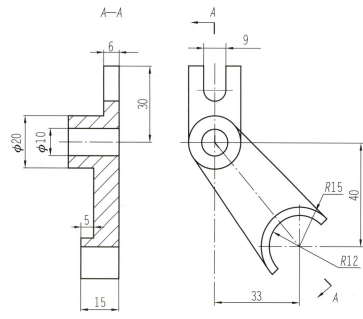

图 3-4-11 剖切线标注实例

（4）点击对话框中的"设置"按钮，弹出如图 3-4-13 所示的对话框，点击"线宽"按钮，选择"0.50mm"后，单击"确定"退回到图 3-4-12 所示对话框。

图 3-4-12 "剖切符号"标注对话框

图 3-4-13 "剖切符号设置"对话框

（5）单击"确定"按钮，移动鼠标把 A-A 放在主视图上方合适位置，完成剖切符号标注。

> **要点提示：**
> （1）"剖切线"的快捷键是"PQ"。
> （2）选中剖切符号输入"X"，能打散剖切符号，可以拖动字母改变位置，也可以缩短剖切线的长度。

## 五、小尺寸的标注

（1）利用"智能标注"标出如图 3-4-14 所示的尺寸。

（2）双击尺寸"5"打开如图 3-4-15 所示的"增强尺寸标注"对话框，点击"几何图形"按钮，用光标指向第二个箭头。

（3）点击第二个箭头按钮，在弹出如图 3-4-16 所示的对话框中选择"小圆点样式" ，单击"确定"，完成尺寸"5"的标注修改，退出。

图 3-4-14 小尺寸标注实例

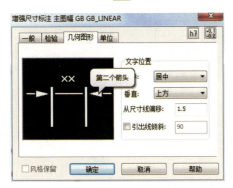

图 3-4-15 "增强尺寸标注"对话框

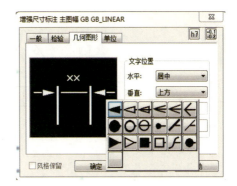

图 3-4-16 箭头样式选择对话框

（4）同样的方法修改尺寸"6"的两个箭头为小圆点样式，完成标注。

**任务实施**

**做中学**

（1）创建图形文件，调入图幅，设置图层。

（2）绘制图形轮廓。

①将"轮廓实线层"图层设置为当前图层。

②根据尺寸利用"直线""圆""偏移""修剪"等命令绘制底板的视图轮廓，如图3-4-17所示。

③根据尺寸利用"直线""圆""中心线""偏移""修剪"等命令绘制圆柱体的视图轮廓，如图3-4-18所示。

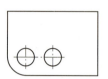

图3-4-17 绘制底板视图轮廓

④根据尺寸利用"直线""偏移""修剪"等命令绘制立板的视图轮廓，如图3-4-19所示。

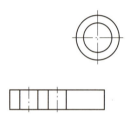 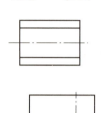 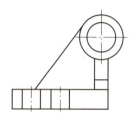 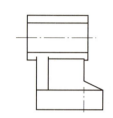

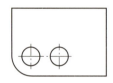

图3-4-18 绘制圆柱体视图轮廓

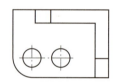

图3-4-19 绘制立板视图轮廓

⑤根据尺寸利用"样条曲线""图案填充""剖切符号""修剪"等命令绘制剖视图，并修改合适的线型比例，如图3-4-20所示。

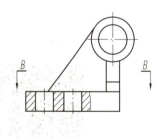

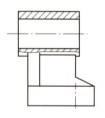

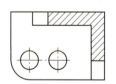

图3-4-20 绘制剖视图

⑥利用"智能标注"对支撑座三视图进行尺寸标注，如图3-4-21所示。

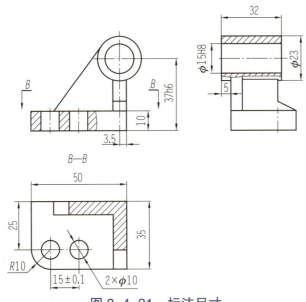

图 3-4-21 标注尺寸

⑦利用"基准""几何公差""粗糙度"等命令对支撑座三视图进行精度标注，如图 3-4-22 所示，完成支撑座视图的绘制。

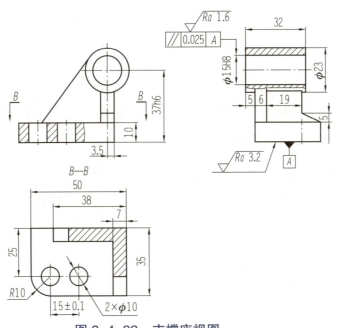

图 3-4-22 支撑座视图

# 任务小结

标注常用命令如表 3-4-1 所示。

表 3-4-1 中望机械标注常用命令

| 项目 | 快捷键 | 项目 | 快捷键 | 项目 | 快捷键 |
|---|---|---|---|---|---|
| 锥斜度标注 | XD | 剖切符号 | PQ | 半剖标注 | ZWMF |

## 巩固练习

分析如图 3-4-23 所示的视图，用适当的命令绘图并进行标注。

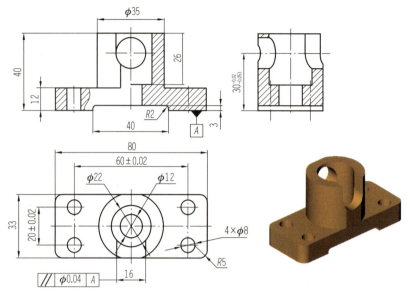

图 3-4-23　巩固练习图

## 任务评价

如表 3-4-2 所示，绘制压块与练习图形，根据学生自评、组内互评和教师评价将各项得分，以及总评内容和得分填入表中。

表 3-4-2　考核评价参考表

| 任务内容 | 评价内容 | | 配分 | 学生自评 | 组内互评 | 教师评价 |
|---|---|---|---|---|---|---|
| 绘制支撑座 | 环境设置 | 图层设置 | 5 | | | |
| | 视图关系 | 长对正 | 5 | | | |
| | | 高平齐 | 5 | | | |
| | | 宽相等 | 5 | | | |
| | 线型使用 | | 5 | | | |
| | 修改工具 | | 15 | | | |
| | 尺寸标注 | | 15 | | | |
| | 精度标注 | | 15 | | | |
| 巩固练习 | 成图 | | 30 | | | |
| | 总计得分 | | 100 | | | |

## 拓展练习

（1）分析如图 3-4-24 所示的视图，用适当的命令绘图并进行标注。

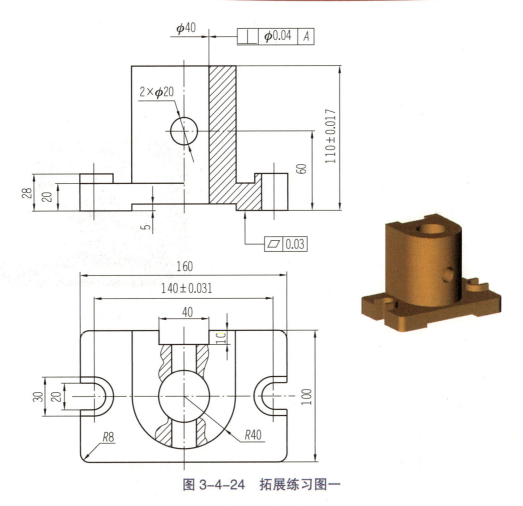

图 3-4-24　拓展练习图一

（2）分析如图 3-4-25 所示视图，用适当的命令绘图并进行标注。

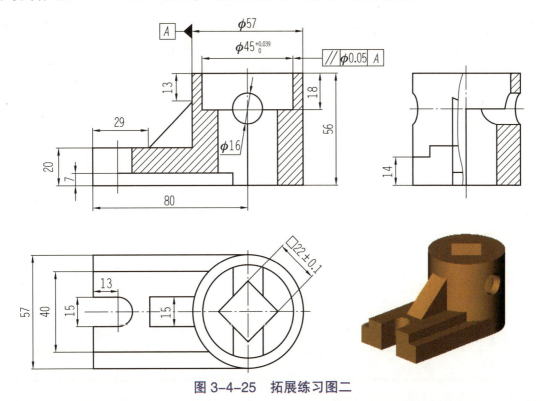

图 3-4-25　拓展练习图二

## 匠心筑梦

### 曹彦生——导弹"翅膀"的雕刻师

对数控加工专业的挚爱，成就了他多项奇迹般的记录：24岁，成为航天科工最年轻的高级技师；25岁，获得第三届全国职工职业技能大赛数控铣工组亚军；26岁，成为最年轻的北京市"金牌教练"。他就是曹彦生，一名导弹"翅膀"的雕刻师。现为中国航天科工二院高级技师。他主要从事航天复杂产品智能制造技术研究工作，曾多次担任全国数控大赛专家，全国智能制造应用技术大赛专家，荣获第十四届航空航天月桂奖大国工匠奖。

近年来，航天产品对零部件加工精度、质量的要求越来越高，让数控精密加工技术应用成为了一个大趋势，也让曹彦生有了大展拳脚的广阔舞台。曹彦生加工出来的舵面对称度达到了0.02毫米的超高精度。空气舵是导弹的重要构件，犹如导弹的翅膀，直接影响着导弹的发射及飞行。十几年的时间里，曹彦生参与制造的导弹不断升级换代，他用高超的技术为高精度导弹的研制和生产保驾护航。

曹彦生先后承担了中国航天科工二院多个型号产品零部件数控加工任务，掌握了目前国内外主流先进数控设备操作系统，攻克了多个复杂产品零部件加工难题。曹彦生首次将高速加工技术和多轴加工技术结合，发明的"高效圆弧面加工法"，为航天企业节省生产成本数千万元；他提出的多项新型加工理念，让蜂窝材料、铝基碳化硅复合材料等新材料加工瓶颈问题迎刃而解，为航天装备新材料选用提供了有力保障。

## 国标规范

### 字体与图幅

GB/T 14665-2012《机械工程 CAD制图规则》规定，字体与图纸幅面之间的选用关系如下表所示。

| 字符类别 | 图幅 | | | | |
|---|---|---|---|---|---|
| | A0 | A1 | A2 | A3 | A4 |
| | 字体高度 h | | | | |
| 字母与数字 | 5 | | | 3.5 | |
| 汉字 | 7 | | | 5 | |

注：$h$= 汉字、字母和数字的高度。

# 项目四
## 零件图的绘制

### 📖 项目概述

零件是组成机器或部件的最小单元。按其形状特点可分为以下几类：轴套类、盘盖类、叉架类和箱体类。零件图是表达单个零件的结构形状、尺寸大小及技术要求的图样，是制造零件和检验零件的依据，是零件生产中的重要技术文件。零件图的绘制是零件测绘项目的主要内容之一。本项目以台阶轴、阀盖、支架、齿轮泵体的绘制为案例，主要介绍几类常用零件图绘制的思路、方法、步骤和技巧。

如图 4-0-1 所示为本项目思维导图。

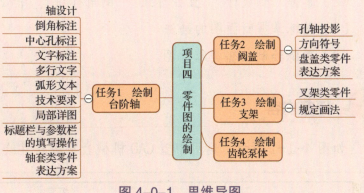

图 4-0-1 思维导图

### 📖 项目目标

**知识目标**

（1）掌握图幅的调用方法，掌握标题栏的填写和参数栏的选用。
（2）掌握轴设计、孔轴投影等工具命令的使用。
（3）掌握剖切线、方向符号、局部详图等工具命令的使用。
（4）掌握小尺寸标注、倒角标注、中心孔标注的方法，掌握文字编辑方法和技术要求的填写。
（5）掌握尺寸标注、几何公差标注、表面粗糙度标注的方法。

**技能目标**

（1）掌握轴套类零件图绘制的思路、方法、步骤和技巧。
（2）掌握盘盖类零件图绘制的思路、方法、步骤和技巧。
（3）掌握叉架类零件图绘制的思路、方法、步骤和技巧。
（4）掌握箱体类零件图绘制的思路、方法、步骤和技巧。

> **素养目标**
> （1）培养学生吃苦耐劳、爱岗敬业的优秀品质。
> （2）培养学生严谨细致的工作作风。
> （3）培育学生利用专业知识解决实际问题的意识。

台阶轴

### 任务目标

（1）掌握图幅的调用方法，掌握标题栏的填写和参数栏的选用。
（2）掌握"轴设计""直径标注""倒角标注""中心孔标注""文字编辑"等命令的使用。
（3）熟练掌握断面图的画法。
（4）熟练绘制轴套类零件图。

### 任务内容

如图 4-1-1 所示，运用中望 CAD 机械教育版软件绘制台阶轴。

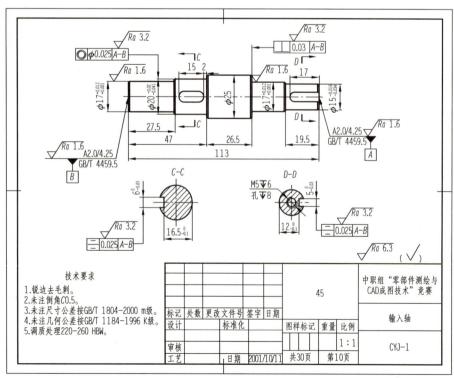

(a)图纸

(b)实物图

图 4-1-1　台阶轴

## 任务分析

该零件图为台阶轴，由轮廓实线层、中心线层、细线层、剖面线层、文字层、标注层等多个图层所构成。可使用"轴设计""圆""中心线""图层""偏移""直线""修剪""图案填充"等命令绘制视图。

使用"剖切线""智能标注""中心孔标注""基准标注""形位公差""粗糙度""技术要求"等命令进行标注与填写，使用"另存为""打印"命令进行保存及模拟打印。

## 知识链接

### 一、"轴设计"命令操作

使用"轴设计"命令绘制台阶轴，如图4-1-2所示。

（1）点击"机械"菜单中的"机械设计"子菜单中的"轴设计"命令按钮，或直接点击右侧的"机械工具栏"中的命令按钮，弹出如图4-1-3的对话框。

（2）在该对话框中起始直径填入

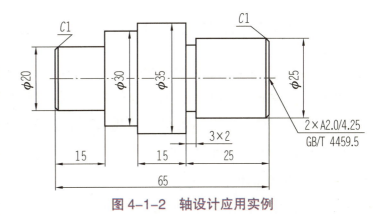

图 4-1-2 轴设计应用实例

20，长度填入15，勾选倒角选项，在右侧的方框内自左而右填入数字1与45，单击"添加"，预览区会显示第一段轴的图形形状。如图4-1-4所示。

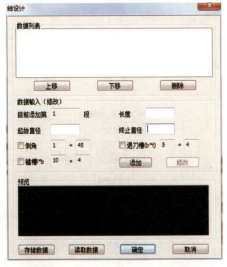

图 4-1-3 "轴设计"对话框

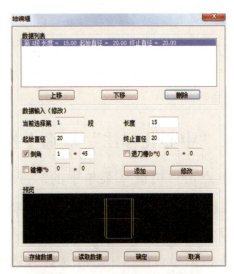

图 4-1-4 输入第一段轴参数

（3）起始直径填入30，长度填入10，去掉倒角选项，单击"添加"。

（4）起始直径填入35，长度填入15，单击"添加"。

（5）起始直径填入25，长度填入15，勾选"倒角"选项填入数字1与45，勾选"退刀槽"选项在右侧方框内自左而右依次输入3与2，单击"确定"，如图4-1-5所示。

（6）命令行提示指定起始点位置，移动光标至合适位置后，单击鼠标左键确认，根据命令行提示输入旋转角度，再次单击空格键完成图形绘制。

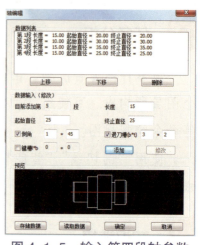

图 4-1-5　输入第四段轴参数

> **要点提示：**
> 双击绘制的图形，可再次打开轴编辑对话框，选择数据列表中的某一行数据时可进行上移、下移、删除操作，也可在数据输入中修改参数，点击"修改"即可更新图形形状。

## 二、"倒角标注" 命令操作

（1）点击"机械"菜单中的"尺寸标注"子菜单中的"倒角标注"命令按钮，根据命令行提示选择"倒角线"。

（2）根据命令行提示选择"基线"，此时命令行提示选择第二条倒角线，若没有，回车或者单击空格键，弹出如图4-1-6所示的对话框。

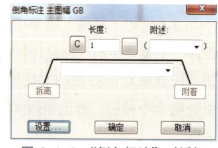

图 4-1-6　"倒角标注"对话框

（3）输入数值后单击空格键，移动鼠标至合适位置点击左键确定，完成倒角标注。

> **要点提示：**
> （1）"倒角标注"的快捷键是"DB"。
> （2）在"倒角标注"对话框中，"附述"下方的两个下拉箭头可选择"内倒角"或"外倒角"，一般不作标注。"设置"选项是对引线与文字的大小颜色进行设置，没有特殊要求时都选择默认，不做改动。

## 三、"中心孔标注" 命令操作

（1）点击"机械"菜单中的"符号标注"子菜单中的"中心孔标注"命令按钮，点击空格键确认后，弹出如图4-1-7所示的对话框。

（2）根据是否保留中心孔选择合适的标注样式，在标注值下拉菜单中选择合适的中心孔参数数值，勾选"显示"标

图 4-1-7　"中心孔符号"对话框

准代号,点击"确定"按钮。

(3)根据命令行提示,选择附着的中心线或插入点后单击左键。

(4)根据命令行提示是否需要改变方向,移动光标选择合适位置,单击左键完成中心孔的标注。

> **要点提示:**
> (1)"中心孔标注"的快捷键是"ZXK"。
> (2)图4-1-7中的"设置"选项内容同4-1-6中的"设置"相同。
> (3)若两侧中心孔参数一致,则在标注的中心孔参数前添加"2*"就可以。

## 四、"文字标注" 命令操作

(1)点击"机械"菜单中的"文字处理"子菜单中的"文字标注"命令按钮,或直接输入"WZ",弹出如图4-1-8所示对话框,在标注内容中输入文本内容,在其他选项中根据要求进行相应设置后,单击"确定"按钮。

(2)移动光标至合适位置,点击左键进行确认。

图4-1-8 "文字标注"编辑对话框

> **要点提示:**
> (1)"文字标注"的快捷键是"WZ"。
> (2)"文字标注"只可以实现对单行文本进行标注。
> (3)选中标注的文本"单击"可以移动文本,"双击"可以实现对文本内容的编辑修改。

## 五、"多行文字" 命令操作

(1)点击"绘图"菜单中的"文字"子菜单中的"多行文字"命令按钮,或直接输入"T"或"MT"后,点击空格键确认。

(2)根据命令行提示移动光标指定第一角点,单击空格键确认。

(3)如果对行距、字高、样式、方向、字宽等有单独要求,根据提示输入相应的字母进行设置,若没有其他要求,则直接移动光标指定输入区域的对角点,单击左键确认,在文本编辑区上方会出现如图4-1-9所示对话框。

图4-1-9 "文本格式"编辑对话框

(4)此时可输入文本并进行编辑。

> **要点提示：**
>
> （1）"多行文字"的快捷键是"T"或"MT"。
>
> （2）点击"绘图"菜单中的"文字"子菜单中的"单行文字"命令按钮，可输入单行文字，其方法同多行文字输入一样。

### 六、"弧形文本" 命令操作

如图 4-1-10 所示的弧形文本实例。操作步骤如下。

（1）点击"扩展工具"菜单中的"文本工具"子菜单中的"弧形文本"命令按钮，根据命令行提示选择附着弧线，弹出如图 4-1-11 所示的对话框。

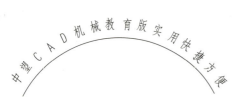

图 4-1-10 弧形文本实例

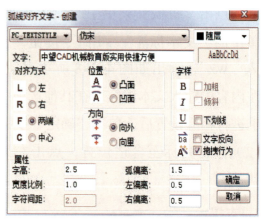

图 4-1-11 "弧线对齐文字"对话框

（2）在文字区域输入文字，根据要求对"字体""对齐样式""位置""字样""属性""颜色"等参数内容进行设置，点击"确定"按钮，完成弧形文字的绘制。

> **要点提示：**
>
> 选中并单击弧形文字，拖动鼠标可移动文字位置，在右侧"特性"对话框中可以修改弧形文字的内容、比例等参数。

### 七、"技术要求" 命令操作

如图 4-1-12 所示为技术要求实例，操作步骤如下。

（1）点击"机械"菜单中的"文字处理"子菜单中的"技术要求"命令按钮，或直接输入"TJ"或"Y"，弹出如图 4-1-13 所示对话框。

（2）在对话框左侧空白编辑区可直接输入文字进行编辑，或者单击右侧的"技术库"按钮弹出如图 4-1-14 所示的对话框，可在左侧区域点选相应的类型，然后在右侧区域点选具体内容，然后点击"确认"按钮，就可以在对话框的空白区生成技术要求的内容，方便快速编辑。

```
技术要求
1.锐边去毛刺。
2.未注倒角R0.5。
3.未注尺寸公差按GB/T1 804-2000m级。
4.未注几何公差按GB/T1 184-1996 H级。
```

图 4-1-12 技术要求实例

图 4-1-13 "技术要求"编辑对话框　　　　图 4-1-14 语句库调用对话框

或者点击图 4-1-13 所示对话框右侧的"读文件"按钮，弹出如图 4-1-15 所示的对话框，选中打开相应的技术要求文件，也可以进行快速编辑。

（3）点选图 4-1-13 所示对话框右侧的"文字设置"按钮，弹出如图 4-1-16 所示对话框，对技术要求的文字参数按要求进行设置后，点击"确认"按钮。

图 4-1-15 技术条件文件对话框　　　　图 4-1-16 "技术要求文字设置"对话框

（4）勾选图 4-1-13 所示对话框上边的"自动编号"与"重新指定所放位置"选项，点击"确认"按钮，根据命令行提示，在合适位置点击左键选定"文字范围的左上角点"，向右拖动鼠标至合适位置，点击左键完成技术要求的输入。

## 八、"局部详图"命令操作

（1）点击"机械"菜单中的"创建视图"子菜单中的"局部详图"命令按钮，根据命令行提示选定圆心位置，指定半径或者直接移动鼠标至合适位置后点击左键，弹出如图 4-1-17 所示对话框。

（2）在对话框中选择放大比例、名称，

图 4-1-17 "局部视图符号"对话框

点击"设置"按钮对局部视图边界、样式、线形、文字高度、比例系数等参数进行设置（一般情况下选择默认），点击"确定"按钮，如图 4-1-18 所示。

（3）根据命令行提示，移动光标至合适位置点击左键放置局部视图，图 4-1-19 为局部放大图案例。

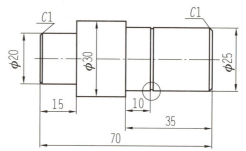

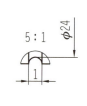

图 4-1-18 "局部视图符号设置"对话框

图 4-1-19 局部放大图案例

（4）利用"智能标注"命令进行标注。如需去掉局部放大图的字母名称，可以利用"分解"命令打散后进行删除。

> ⚡ **要点提示：**
> 局部放大图的尺寸标注一定要在分解前进行。

## 九、标题栏与参数栏的填写操作

（1）在调入的图幅中双击右下角的标题栏，弹出如图 4-1-20 所示的对话框，根据需要在相应项目栏中输入相应的内容，点击"确定"按钮就可以完成标题的填写，效果如图 4-1-21 所示。

图 4-1-20 "标题栏项目填写"对话框

| 标记 | 处数 | 更改文件号 | 签字 | 日期 | C40 | | | 全国职业技能大赛职组零部件测绘与CAD成图技术赛项 |
| --- | --- | --- | --- | --- | --- | --- | --- | --- |
| 设计 | | 标准化 | | | 图样标记 | 重量 | 比例 | 底板 |
| 审核 | | | | | | | 1:1 | CLCDJG-01 |
| 工艺 | | 日期 | 2021/8/23 | | 共15页 | | 第1页 | |

图 4-1-21 标题栏填写案例

（2）在调入的图幅中双击右上角的参数栏，弹出如图 4-1-22 所示的对话框，根据需要在相应项目栏中输入相应的内容，点击"确定"按钮就可以完成参数的输入，效果如图 4-1-23 所示。

项目四 零件图的绘制　131

| 法向模数 | $m_n$ | 3 |
|---|---|---|
| 齿数 | $z$ | 45 |
| 齿形角 | $\alpha$ | 20 |
| 齿顶高系数 | $h_a^*$ | |
| 螺旋角 | $\beta$ | |
| 螺旋方向 | | |
| 径向变位系数 | $x$ | |
| 全齿高 | $h$ | |
| 精度等级 | B87FHGB10095-88 | |
| 齿轮副中心距及其极限偏差 | $a\pm f$ | |
| 配对齿轮 | 图号 | CLCDJG-05 |
| | 齿数 | 30 |
| 公差组 | 检验项目代号 | 公差(或极限偏差)值 |
| 齿圈径向跳动公差 | $F_r$ | |
| 合法线长度变动公差 | $F_w$ | |
| 齿距公差 | $f_f$ | |
| 齿距极限偏差 | $f_{pf}$ | |
| 齿向公差 | $F_n$ | |
| 公法线 | $W_{ku}$ | |
| | $k$ | |

图 4-1-22　参数栏项目填写对话框　　　　图 4-1-23　参数栏的案例

**要点提示：**

（1）标题栏中计算机自带"设计"项目，一般情况下都要删除。

（2）参数栏若无特殊要求，可以将其分解后只保留基本参数项目，如果是只要求简易参数也可以用"直线"命令绘制，然后利用"文字"命令填写。

## 十、轴套类零件表达方案

轴套类零件包括各种轴、丝杆、套筒等，这类零件的主体部分大多是由同轴、不同直径的数段回转体组成，轴向尺寸比径向尺寸大得多，主要加工方法是车削和磨削加工。

一般选用轴线水平放置的主视图，这样既符合零件的加工位置原则，又表达了零件的主要结构形状。对于轴上的键槽和垂直轴线的孔常采用断面图表达。对于轴肩的圆角、退刀槽（砂轮越程槽）等工艺结构常采用局部放大图表达。

**任务实施**

**做中学**

### 1. 新建 .dwg 文件，设置图幅

（1）双击中望 CAD 软件图标，单击试用，进入中望 CAD 机械教育版界面，默认文件名 Drawing1.dwg。

（2）调入图幅。命令行输入"TF"，弹出"图幅设置"对话框，设置 A4，横置，绘图比例 1∶1，标题栏 5，明细表 1，勾选代号栏，点击"确定"。

（3）点击空格键，确认新的绘图区域中心及更新比例的图形。

（4）点击空格键或鼠标确认目标位置。

### 2. 绘制台阶轴轮廓

使用"轴设计" 工具，按尺寸绘制台阶轴轮廓，如图4-1-24所示。

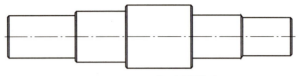

图4-1-24 台阶轴轮廓

### 3. 绘制键槽和断面图

（1）绘制键槽：使用"偏移""圆""直线""修剪"等命令绘制两个键槽。

（2）绘制断面图：使用"圆""中心线""图层""偏移""直线""修剪""图案填充"等命令绘制两个断面图。

（3）绘制剖切符号：使用"剖切线"命令绘制剖切符号。如图4-1-25所示。

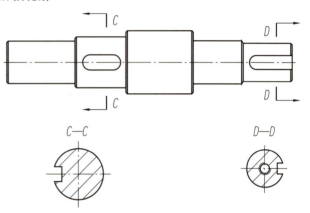

图4-1-25 绘制键槽、断面图

### 4. 标注径向、轴向尺寸和中心孔

（1）标注径向尺寸：使用"智能标注"命令标注台阶轴径向尺寸及偏差。

（2）标注轴向尺寸：使用"智能标注"命令标注台阶轴轴向尺寸及偏差。

（3）标注中心孔：使用"中心孔标注"命令标注中心孔。如图4-1-26所示。

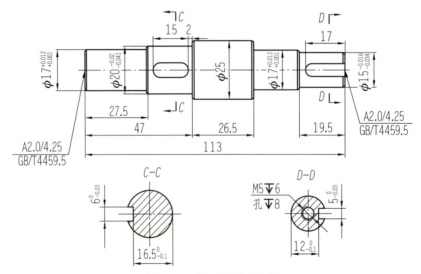

图4-1-26 标注尺寸

### 5. 标注基准、几何公差和粗糙度

（1）标注基准：使用"基准标注"命令标注基准$A$、$B$。

（2）标注几何公差：使用"形位公差"命令标注几何公差。

（3）标注表面粗糙度：使用"粗糙度"命令标注表面粗糙度。如图4-1-27所示。

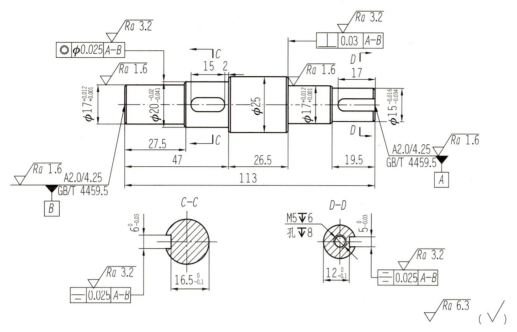

图4-1-27　标注几何公差、表面粗糙度

### 要点提示：

（1）基准符号系列要选择GB08，如图4-1-28所示。

（2）粗糙度符号系列要选择GB06，如图4-1-29所示。

图4-1-28　"基准标注符号设置"对话框

图4-1-29　"粗糙度符号设置"对话框

### 6. 填写技术要求和标题栏

（1）填写技术要求：使用"技术要求"命令填写技术要求，如图4-1-30所示。

（2）填写标题栏：双击标题栏，填写相关内容。如图4-1-31所示。

图4-1-30　"技术要求"对话框

图4-1-31　"标题栏"对话框

> **要点提示：**
> 技术要求的内容可以键盘输入，也可以从技术库里面调用。

**7. 保存文件、虚拟打印**

## 任务小结

快捷操作如表 4-1-1 所示。

表 4-1-1　中望机械绘图常用命令一览表

| 项目 | 快捷操作 | 项目 | 快捷操作 |
|---|---|---|---|
| 轴设计 |  | 局部详图 |  |
| 中心孔标注 | ZXK | 文字标注 | WZ/T/MT |
| 技术要求 | TJ/Y | 倒角标注 | DB |

## 巩固练习

如图 4-1-32 所示，请根据下列零件图，用适当的命令绘图，按要求标注尺寸。

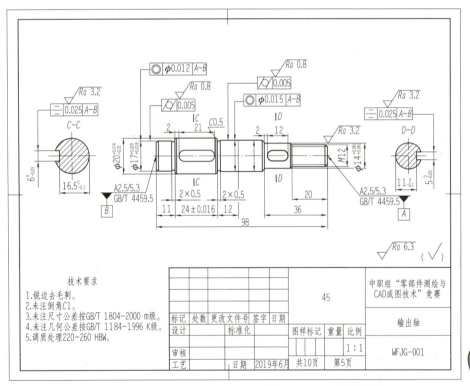

图 4-1-32　练习图

## 任务评价

如表 4-1-2 所示，根据学生自评、组内互评和教师评价将各项得分，以及总评内容和得分填入表中。

表 4-1-2 考核评价表

| 任务内容 | 评价内容 | | 配分 | 学生自评 | 组内互评 | 教师评价 |
|---|---|---|---|---|---|---|
| 绘制台阶轴 | 图幅设置 | 纸张和标题栏 | 5 | | | |
| | | 轴设计 | 5 | | | |
| | 键槽 | "偏移""圆""直线""修剪"等应用 | 5 | | | |
| | 断面图 | "圆""中心线""图层""偏移""直线""修剪"等应用 | 5 | | | |
| | | 标注 | 5 | | | |
| | 尺寸标注 | 径向尺寸 | 5 | | | |
| | | 轴向尺寸 | 5 | | | |
| | | 中心孔 | 5 | | | |
| | 几何公差 | 基准标注 | 5 | | | |
| | | 几何公差标注 | 10 | | | |
| | 表面粗糙度标注 | | 5 | | | |
| | 填写技术要求、标题栏 | | 5 | | | |
| | 保存文件、虚拟打印 | | 5 | | | |
| 巩固练习 | 成图 | | 30 | | | |
| | 总计得分 | | 100 | | | |

## 拓展练习

（1）如图 4-1-33 所示，请根据下列零件图，用适当的命令绘图，按要求标注尺寸。

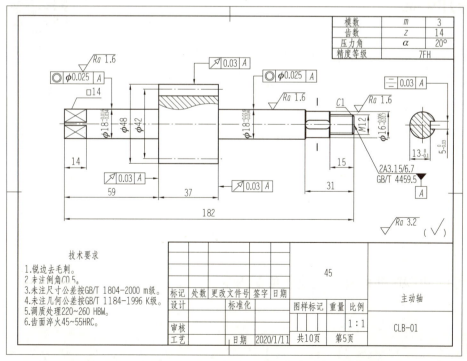

图 4-1-33 练习图

（2）如图4-1-34所示，请根据下列零件图，用适当的命令绘图，按要求标注尺寸。

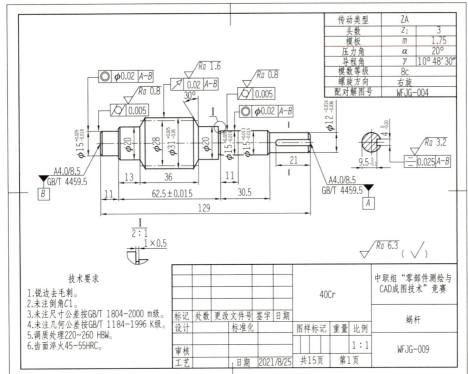

图 4-1-34　练习图

## 任务 2　绘制阀盖

### 任务目标

（1）熟练掌握盘盖类零件视图表达方案的选择技巧。

（2）熟练掌握尺寸标注中的增强尺寸标注命令的使用。

（3）掌握孔轴投影的绘图方法和技巧。

（4）熟练绘制盘盖类零件图。

### 任务内容

如图4-2-1所示，运用中望CAD机械教育版软件绘制阀盖。

# 项目四 零件图的绘制

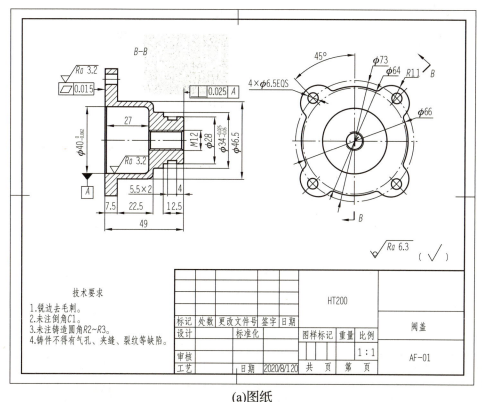
(a)图纸

(b)实物图

图 4-2-1 阀盖

## 任务分析

该零件图为阀盖，由轮廓实线层、中心线层、细线层、剖面线层、文字层、标注层等多个图层所构成，可采用使用"轴设计""倒角""圆角""直线""圆""中心线""旋转""阵列""修剪""图案填充"等命令绘制视图。

使用"剖切线""智能标注""基准标注""形位公差""粗糙度""技术要求"等进行标注与填写，使用"另存为""打印"命令进行保存及模拟打印。

## 知识链接

### 一、"孔轴投影" 命令操作

（1）绘制如图 4-2-2 所示孔轴投影。点击"机械"菜单中的"构造工具"子菜单中的"孔轴投影"命令按钮，或直接输入"TY"后确认，弹出如图 4-2-3 的对话框，进行项目选择，点击"确定"按钮。

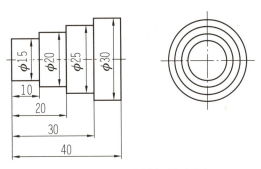

图 4-2-2 孔轴投影实例

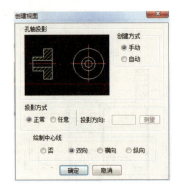

图 4-2-3 "孔轴投影"选项对话框

（2）命令行提示"选择特征投影点"，用左键自右而左点击各段轴肩顶点，如图 4-2-4 所示。

（3）点击空格键确认，水平移动鼠标至合适位置，点击左键确认，完成孔轴投影作图，如图 4-2-5 所示。

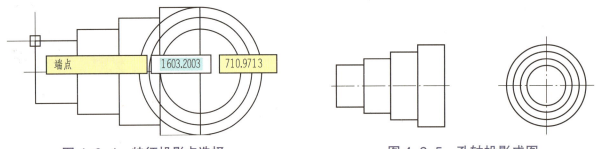

图 4-2-4 特征投影点选择　　　　　　　图 4-2-5 孔轴投影成图

> **要点提示：**
> （1）"孔轴投影"的快捷键是"TY"。
> （2）点选图 4-2-3 对话框中的"自动"选项，确定后提示"选择对象"，然后框选整个台阶轴，点击空格键确认，水平移动鼠标至合适位置点击左键确认，完成投影图绘制。

## 二、"方向符号"命令操作

如图 4-2-6 所示为向视图实例，其操作步骤如下。

（1）点击"机械"菜单中的"创建视图"子菜单中的"方向符号"命令按钮，弹出如图 4-2-7 的对话框，根据需要对"视图比例""旋转方向"进行选择，输入向视图符号（默认为 A），点击"确定"按钮（设置选项一般默认）。

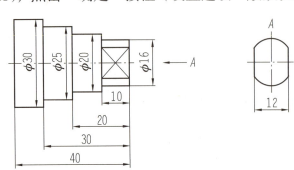

图 4-2-6 向视图实例

图 4-2-7 "向视图符号"对话框

(2)移动鼠标将箭头指向要投影的要素,确认。

(3)移动鼠标将对应的视图符号放于视图上方,完成向视图符号的标注。

> **要点提示:**
> 如果向视图进行了旋转,那就要在旋转方向中进行对应的左旋或右旋选择。视图上方会出现旋转符号,而且向视符号字母是在箭头一侧,比如 A⌒ 、⌒C 。

### 三、盘盖类零件表达方案

盘盖类零件包括各种法兰盘、轴承端盖、齿轮、带轮、手轮等。这类零件的主要结构形状是回转体,其特点是径向尺寸大、轴向尺寸小,主要在车床上加工,所以应按形状特征和加工位置选择主视图,将轴线水平放置。

一般用两个基本视图表示其主要结构形状,再选用剖视、断面、局部视图和斜视图等表示其内部结构和局部结构。

当零件具有回转轴时,用单一剖切平面不能完整表达内部形状,可采用两个以上的相交剖切平面在回转轴处剖开零件,将剖开后结构旋转到与选定的投影面平行后投射。其剖视图和标注方法如图4-2-8所示。

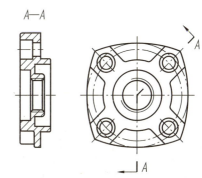

图4-2-8 用两个相交剖切面剖切时的剖视图

> **要点提示:**
> 采用相交剖切平面画剖视图时应当注意。
> (1)相交剖切平面的交线应垂直于某一投影面。
> (2)画剖视图时要先剖后转再投射。

## 任务实施

### 做中学

#### 1. 新建 .dwg 文件,设置图幅

(1)双击中望CAD软件图标,单击试用,进入中望CAD机械教育版界面,默认文件名 Drawing1.dwg。

(2)调入图幅。命令行输入"TF",弹出"图幅设置"对话框,设置A4,横置,绘图比例1:1,标题栏5,明细表1,不勾选代号栏,无分区图框,点击"确定"。

(3)点击空格键,确认新的绘图区域中心及更新比例的图形。

(4)点击空格键或鼠标确认目标位置。

## 2. 绘制阀盖视图

（1）绘制主视图：使用"轴设计""倒角""圆角""直线""中心线""修剪""图案填充"等命令绘制主视图。

（2）绘制左视图：使用"圆""中心线""旋转""阵列""修剪"等命令绘制左视图。

（3）绘制剖切符号：使用"剖切线"命令绘制剖切符号，如图 4-2-9 所示。

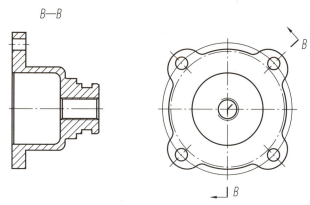

图 4-2-9 绘制视图

## 3. 标注尺寸及公差

（1）使用"智能标注"命令标注阀盖各尺寸及公差、角度。

（2）使用"智能标注"命令中的增强尺寸标注修改小尺寸的标注样式。如图 4-2-10 所示。

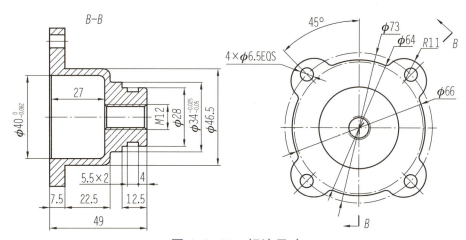

图 4-2-10 标注尺寸

## 4. 标注基准、几何公差和粗糙度

（1）标注基准：使用"基准标注"命令标注基准 $A$。

（2）标注几何公差：使用"形位公差"命令标注几何公差。

（3）标注表面粗糙度：使用"粗糙度"命令标注表面粗糙度。如图 4-2-11 所示。

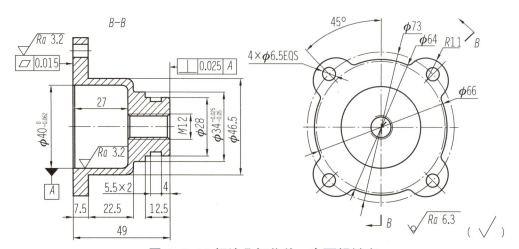

图 4-2-11 标注几何公差、表面粗糙度

### 5. 填写技术要求和标题栏

（1）填写技术要求：使用"技术要求"命令填写技术要求。

（2）填写标题栏：双击标题栏，填写相关内容。如图 4-2-12 所示。

### 6. 保存文件、虚拟打印

图 4-2-12 标题栏对话框

## 任务小结

（1）"孔轴投影"的快捷命令：

（2）"方向符号"的快捷命令：

（3）盘盖类零件的表达方案：一般用两个基本视图表示其主要结构形状，主视图投射方向主要依据加工位置原则，轴线水平放置。

## 巩固练习

如图 4-2-13 所示，请根据下列零件图，用适当的命令绘图，按要求标注尺寸。

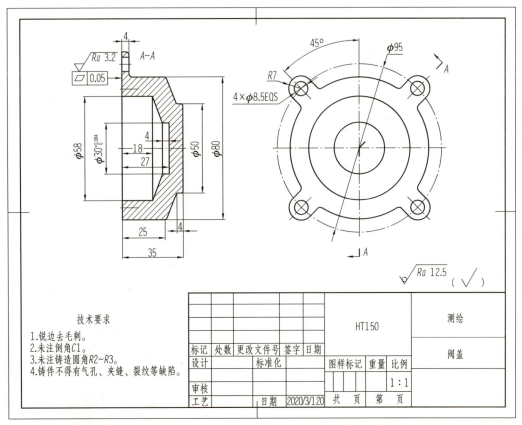

图 4-2-13 练习图

## 任务评价

如表 4-2-1 所示，根据学生自评、组内互评和教师评价将各项得分，以及总评内容和得分填入表中。

表 4-2-1 考核评价表

| 任务内容 | 评价内容 | | 配分 | 学生自评 | 组内互评 | 教师评价 |
|---|---|---|---|---|---|---|
| 绘制阀盖 | 图幅设置 | 纸张和标题栏 | 5 | | | |
| | 主视图 | "轴设计""倒角""圆角""直线""中心线""修剪""图案填充"等应用 | 10 | | | |
| | 左视图 | "圆""中心线""旋转""阵列""修剪"等应用 | 10 | | | |
| | | 标注 | 5 | | | |
| | 尺寸标注 | 径向尺寸 | 10 | | | |
| | | 轴向尺寸 | 5 | | | |
| | 几何公差 | 基准标注 | 5 | | | |
| | | 几何公差标注 | 5 | | | |
| | 表面粗糙度标注 | | 5 | | | |
| | 填写技术要求和标题栏 | | 5 | | | |
| | 保存文件、虚拟打印 | | 5 | | | |
| 巩固练习 | 成图 | | 30 | | | |
| 总计得分 | | | 100 | | | |

## 拓展练习

（1）如图 4-2-14 所示，请根据下列零件图，用适当的命令绘图，按要求标注尺寸。

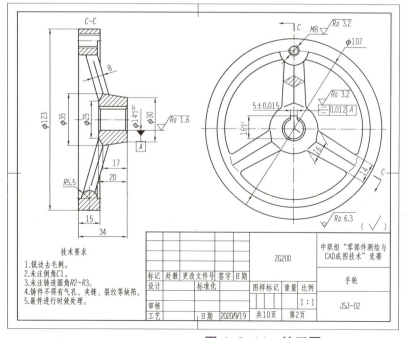

图 4-2-14 练习图

（2）如图4-2-15所示，请根据下列零件图，用适当的命令绘图，按要求标注尺寸。

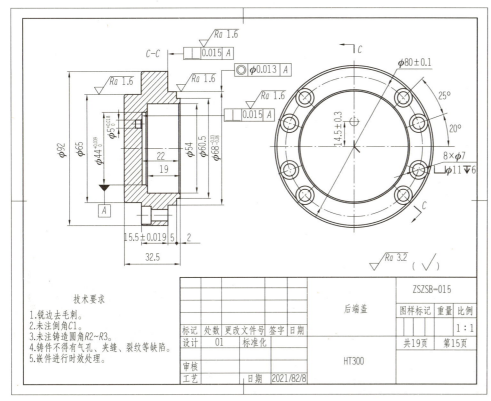

图 4-2-15　练习图

## 任务3　绘制支架

支架

### 任务目标

（1）熟练掌握图幅设置，标题栏选用、保存、打印设置的方法和步骤。
（2）熟练掌握"直线""样条曲线""圆""圆角""偏移""旋转""修剪"等常用绘图命令。
（3）熟练掌握"尺寸标注""几何公差标注""粗糙度标注""基准标注""技术要求"等命令的使用。
（4）熟练绘制支架类零件图。

### 任务内容

如图4-3-1所示，运用中望CAD机械教育版软件绘制支架。

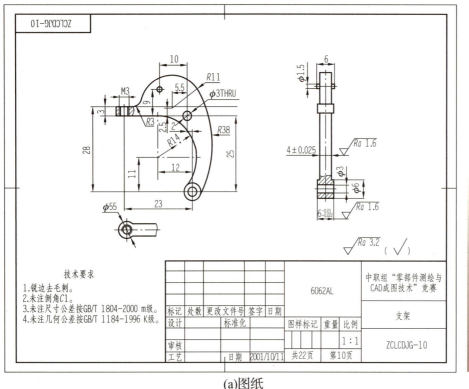
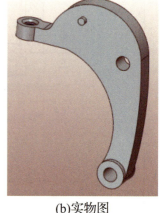

(a)图纸　　　(b)实物图

图 4-3-1　支架

## 任务分析

该零件图为支架，由轮廓实线层、中心线层、细线层、剖面线层、文字层、标注层等多个图层所构成，可采用使用"直线""圆""圆角""中心线""样条曲线""偏移""修剪""图案填充"等命令绘制视图。

使用"智能标注""基准标注""形位公差""粗糙度""技术要求"等进行标注与填写，使用"另存为""打印"命令进行保存及模拟打印。

## 知识链接

### 做中教

### 一、叉架类零件

叉架类零件包括各种用途的拨叉、连接块和支架（机架）等。这类零件的形状一般较为复杂且不规则，常具有不完整和歪斜的几何形状。其加工工序较多，主要加工位置不明显，所以主视图一般按它的工作位置来选择，常采用全剖视图或局部剖视图的视图表达。

一般用两个以上的基本视图表示其主要结构形状，而用局部剖视图和斜视图表示不完整的及歪斜的外部形体结构。

## 二、规定画法

（1）对于机件的肋、轮辐及薄壁等，如按纵向剖切，这些结构都不画剖面符号，而用粗实线将它与其邻接部分分开。

（2）当零件回转体上均匀分布的肋、轮辐、孔等结构不处于剖切平面上时，可将这些结构旋转到剖切平面上画出，如图4-3-2所示肋板的画法。

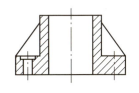
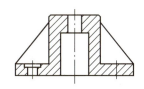
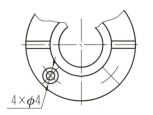

图 4-3-2　机件上肋、轮辐、孔等结构的简化画法

## 任务实施

### 做中学

#### 1. 新建 .dwg 文件，设置图幅

（1）双击中望CAD软件图标，单击试用，进入中望CAD机械教育版界面，默认文件名 Drawing1.dwg。

（2）调入图幅。命令行输入"TF"，弹出"图幅设置"对话框，设置A4，横置，2∶1，标题栏5，明细表1，分区图框，勾选代号栏，点击"确定"。

（3）点击空格键，确认新的绘图区域中心及更新比例的图形。

（4）点击空格键或鼠标确认目标位置。

#### 2. 绘制支架视图

（1）绘制主视图：使用"圆""直线""偏移""圆角""中心线""样条曲线""修剪""图案填充"等命令绘制主视图。

（2）绘制左视图：使用"直线""偏移""镜像""中心线""样条曲线""修剪""图案填充"等命令绘制左视图。

（3）绘制局部视图：使用"圆""直线""偏移""中心线""样条曲线""修剪"等命令绘制局部视图。如图4-3-3所示。

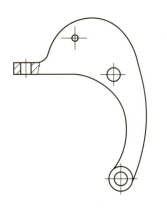

图 4-3-3　绘制视图

#### 3. 标注尺寸及公差

使用"智能标注"命令标注支架各尺寸及公差。如图4-3-4所示。

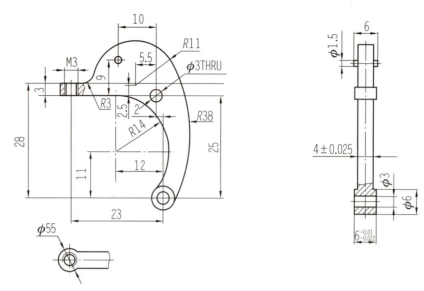

图 4-3-4 标注尺寸

### 4. 标注粗糙度

标注表面粗糙度：使用"粗糙度"命令标注表面粗糙度。如图 4-3-5 所示。

### 5. 填写技术要求、标题栏

（1）填写技术要求：使用"技术要求"命令填写技术要求。

（2）填写标题栏：双击标题栏，填写相关内容。如图 4-3-6 所示。

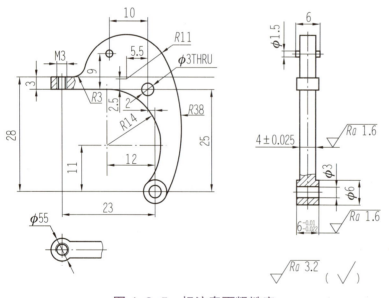

图 4-3-5 标注表面粗糙度

图 4-3-6 "标题栏"对话框

### 6. 保存文件、虚拟打印

## 任务小结

（1）叉架类零件主视图一般按它的工作位置来选择，常采用全剖视图或局部剖视图的视图表达。一般用两个以上的基本视图表示其主要结构形状，而用局部视图和斜视图表示不完整的及歪斜的外部形体结构。

（2）机件的肋、轮辐及薄壁等，如按纵向剖切，这些结构都不画剖面符号。

（3）当零件回转体上均匀分布的肋、轮辐、孔等结构不处于剖切平面上时，可将这些结构旋转到剖切平面上画出。

## 巩固练习

如图 4-3-7 所示，请根据下列零件图，用适当的命令绘图，按要求标注尺寸。

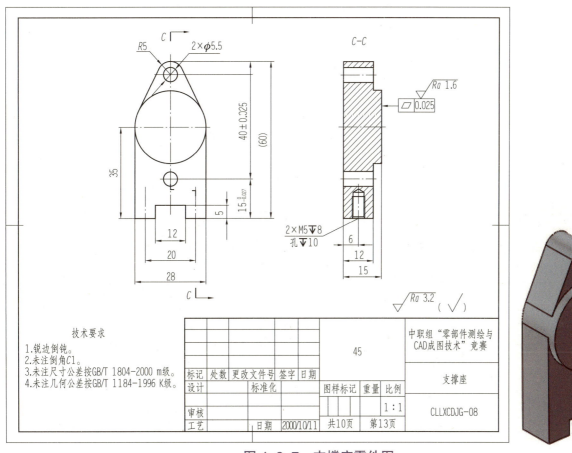

图 4-3-7　支撑座零件图

## 任务评价

如表 4-3-1 所示，根据学生自评、组内互评和教师评价将各项得分，以及总评内容和得分填入表中。

表 4-3-1  考核评价表

| 任务内容 | 评价内容 | | 配分 | 学生自评 | 组内互评 | 教师评价 |
|---|---|---|---|---|---|---|
| 绘制支架 | 图幅设置 | 纸张和标题栏 | 5 | | | |
| | 主视图 | "圆""直线""偏移""圆角""中心线""样条曲线""修剪""图案填充"等应用 | 10 | | | |
| | 左视图 | "直线""偏移""镜像""中心线""样条曲线""修剪""图案填充"等应用 | 10 | | | |
| | 局部视图 | "圆""直线""偏移""中心线""样条曲线""修剪"等应用 | 10 | | | |
| | 尺寸标注 | 径向尺寸 | 10 | | | |
| | | 轴向尺寸 | 10 | | | |
| | 表面粗糙度标注 | | 5 | | | |
| | 填写技术要求、标题栏 | | 5 | | | |
| | 保存文件、虚拟打印 | | 5 | | | |
| 巩固练习 | 成图 | | 30 | | | |
| 总计得分 | | | 100 | | | |

## 拓展练习

（1）如图 4-3-8 所示，请根据下列零件图，用适当的命令绘图，按要求标注尺寸。

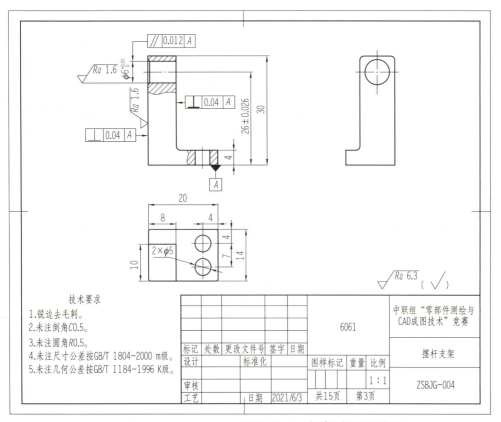

图 4-3-8  摆杆支架零件图

（2）如图4-3-9所示，请根据下列零件图，用适当的命令绘图，按要求标注尺寸。

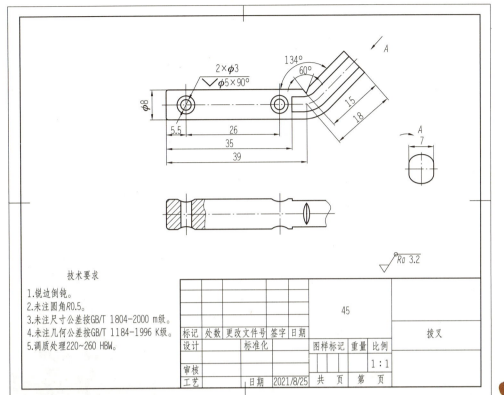

图 4-3-9　拨叉零件图

 **任务4　绘制齿轮泵体**

齿轮泵体

 **任务目标**

（1）熟练掌握"直线""圆""圆角""样条曲线""偏移""旋转""修剪"等常用绘图命令。

（2）熟练掌握"尺寸标注""形位公差""粗糙度""基准标注""技术要求"等命令的使用。

（3）掌握全剖视图、半剖视图、局部剖视图、向视图的表达方法。

（4）掌握箱体类零件的绘制方法、步骤。

 **任务内容**

如图4-4-1所示，运用中望CAD机械教育版软件绘制齿轮泵体。

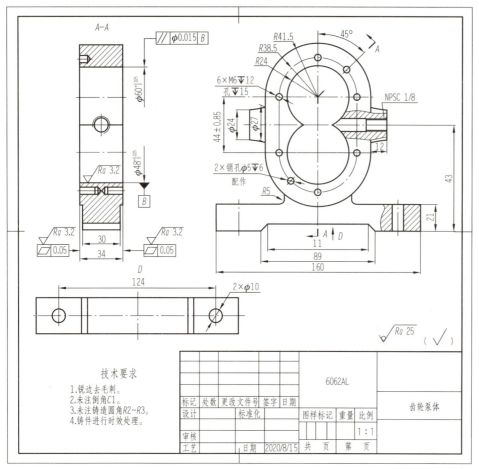
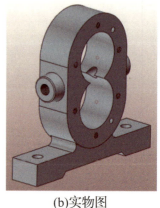

(a)图纸　　　　　　　　　　　(b)实物图

图 4-4-1　齿轮泵体

## 任务分析

该零件图为齿轮泵体，由轮廓实线层、中心线层、细线层、剖面线层、文字层、标注层等多个图层所构成，可采用使用"直线""圆""样条曲线""倒角""圆角""中心线""样条曲线""旋转""阵列""修剪""图案填充"等命令绘制视图。

使用"剖切线""智能标注""基准标注""形位公差""粗糙度""技术要求"等进行标注与填写，使用"另存为""打印"命令进行保存及模拟打印。

## 知识链接

### 做中教

箱体类零件是机器或部件的外壳或座体，如各类机体（座）、泵体、阀体、尾架体等，这类零件的毛坯多为铸件，加工工序较多，一般按它的工作位置选择主视图。

箱体类零件的结构形状较为复杂，一般需三个以上的基本视图表示其内外部结构形状。并常要选用一些局部剖视图、斜视图、断面图等表示其局部结构形状。

## 1. 铸造圆角

为便于分型和防止砂型夹角落砂，以避免铸件尖角处产生裂纹和缩孔，在铸件表面转角处做成圆角，称为铸造圆角。一般铸造圆角为 $R3 \sim R5$。如图 4-4-2 所示。

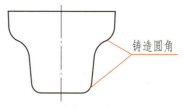

图 4-4-2　铸造圆角

## 2. 零件过渡表面

在铸造零件上，两表面相交处一般都形成小圆角光滑过渡，因而两表面之间的交线就很不明显。为了看图时能分清不同表面的界限，在投影图中仍应画出这种交线，即过渡线。

过渡线用细实线画出，它的画法与相贯线的画法相同，但为了区别于相贯线，在过渡线的两端与圆角的轮廓线之间应留有间隙，如图 4-4-3 所示。

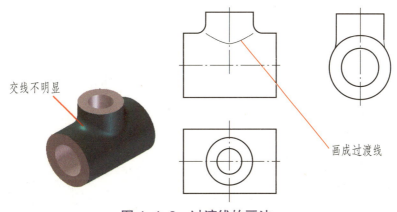

图 4-4-3　过渡线的画法一

当两曲面的轮廓线相切时，过渡线在切点附近应断开，如图 4-4-4 所示。

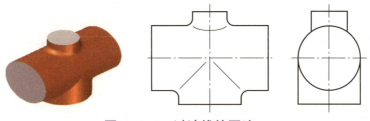

图 4-4-4　过渡线的画法二

当平面与平面或平面与曲面相交时，过渡线应在转角处断开，并加画过渡圆弧，如图 4-4-5 所示。

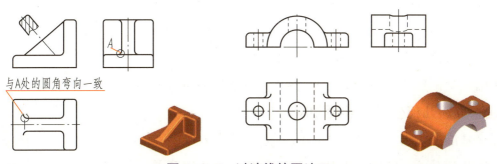

图 4-4-5　过渡线的画法三

## 任务实施

### 做中学

**1. 新建 .dwg 文件，设置图幅**

（1）双击中望 CAD 软件图标，单击试用，进入中望 CAD 机械教育版界面，默认文件名 Drawing1.dwg。

（2）调入图幅：命令行输入"TF"，弹出"图幅设置"对话框，设置 A3，横置，1∶1，标题栏 5，明细表 1，不勾选代号栏，无分区图框，点击"确定"。

（3）点击空格键，确认新的绘图区域中心及更新比例的图形。

（4）点击空格键或鼠标确认目标位置。

**2. 绘制泵体视图**

（1）绘制主视图：使用"圆""倒角""圆角""直线""中心线""偏移""修剪""图案填充"等命令绘制主视图。

（2）绘制左视图：使用"圆""直线""圆角""中心线""样条曲线""旋转""阵列""偏移""修剪"等命令绘制左视图。

（3）绘制向视图：使用"矩形""圆""直线""中心线""偏移""修剪"等命令绘制向视图。

（4）标注剖切符号：使用"剖切线"命令标注剖切符号。

（5）标注方向符号：使用"方向符号"命令标注方向视图符号。效果如图 4-4-6 所示。

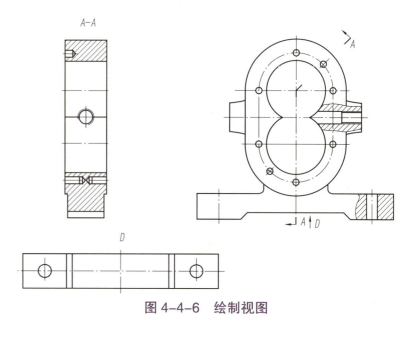

图 4-4-6　绘制视图

**3. 标注尺寸及公差**

（1）使用"智能标注"命令标注泵体各尺寸及公差、角度。

（2）使用"智能标注"命令标注螺纹孔及销孔。

（3）使用"半剖标注"命令标注两 φ48 孔。如图 4-4-7 所示。

**4. 标注基准、几何公差和表面粗糙度**

（1）标注基准：使用"基准标注"命令标注基准 B。

（2）标注几何公差：使用"形位公差"命令标注几何公差。

（3）标注表面粗糙度：使用"粗糙度"命令标注表面粗糙度。如图 4-4-8 所示。

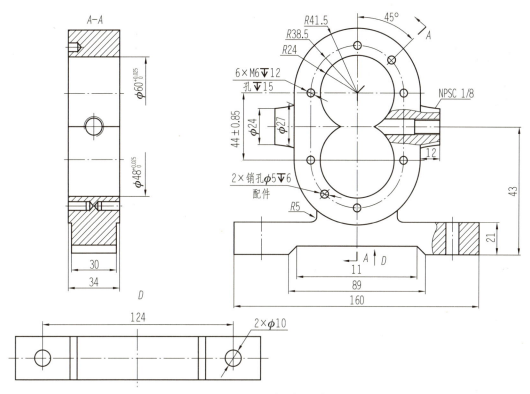

图 4-4-7 标注尺寸

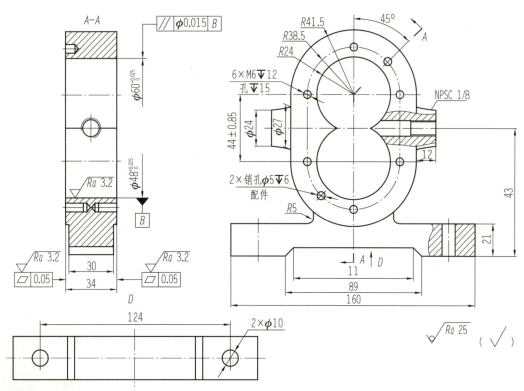

图 4-4-8 标注几何公差、表面粗糙度

**5. 填写技术要求、标题栏**

（1）填写技术要求：使用"技术要求"命令填写技术要求，可以调用铸件技术库中内容，进行编辑修改。如图 4-4-9 所示。

（2）填写标题栏：双击标题栏，填写相关内容。如图 4-4-10 所示。

图 4-4-9 "技术要求技术库"对话框

图 4-4-10 "标题栏"对话框

### 6. 保存文件、虚拟打印

## 任务小结

（1）箱体类零件一般需 3 个以上的基本视图表示其内外部结构形状。并常要选用一些局部剖视图、斜视图、断面图等表示其局部结构形状。

（2）一般铸造圆角为 R3~R5。

（3）铸件表面的过渡线用细实线画出，为了区别于相贯线，在过渡线的两端与圆角的轮廓线之间应留有间隙。

## 巩固练习

如图 4-4-11 所示，请根据下列零件图，用适当的命令绘图，按要求标注尺寸。

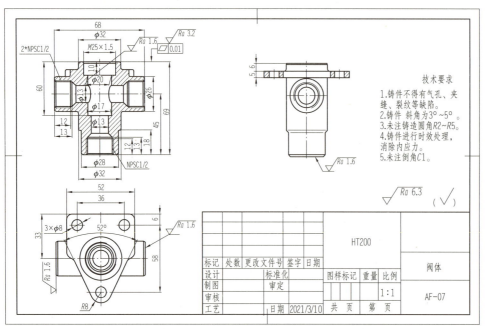

图 4-4-11 阀体零件图

## 任务评价

如表 4-4-1 所示，根据学生自评、组内互评和教师评价将各项得分，以及总评内容和得分填入表中。

表 4-4-1 考核评价表

| 任务内容 | 评价内容 | | 配分 | 学生自评 | 组内互评 | 教师评价 |
|---|---|---|---|---|---|---|
| 绘制齿轮泵体 | 图幅设置 | 纸张和标题栏 | 5 | | | |
| | 主视图 | "轴设计""倒角""圆角""直线""中心线""修剪""图案填充"等应用及视图标注 | 10 | | | |
| | 左视图 | "圆""中心线""旋转""阵列""修剪"等应用及视图标注 | 10 | | | |
| | 向视图及标注 | | 10 | | | |
| | 尺寸标注 | 径向尺寸 | 5 | | | |
| | | 轴向尺寸 | 5 | | | |
| | 几何公差 | 基准标注 | 5 | | | |
| | | 几何公差标注 | 5 | | | |
| | 表面粗糙度标注 | | 5 | | | |
| | 填写技术要求、标题栏 | | 5 | | | |
| | 保存文件、虚拟打印 | | 5 | | | |
| 巩固练习 | 成图 | | 30 | | | |
| | 总计得分 | | 100 | | | |

## 拓展练习

（1）如图 4-4-12 所示，请根据下列零件图，用适当的命令绘图，按要求标注尺寸。

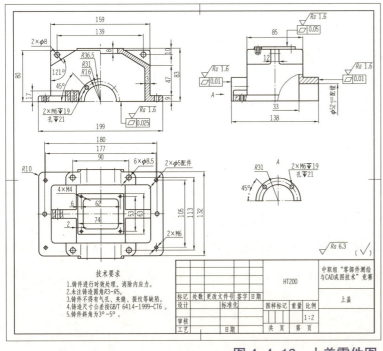
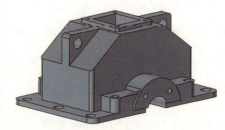

图 4-4-12 上盖零件图

（2）如图4-4-13所示，请根据下列零件图，用适当的命令绘图，按要求标注尺寸。

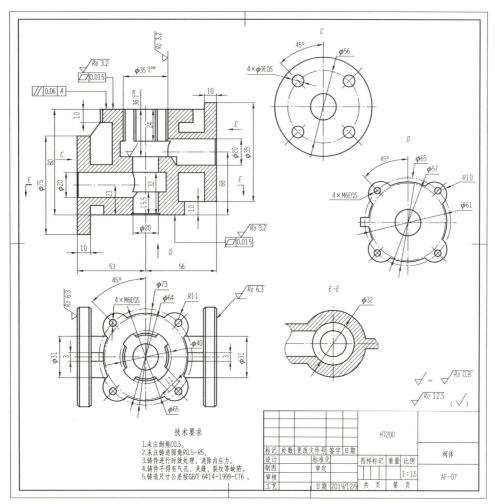

图 4-4-13　阀体零件图

## 匠心筑梦

### 胡胜——在金属上进行雕刻的艺术大师

1974年出生的胡胜，是中国电子科技集团公司第十四研究所数控车高级技师、班组长。从一名职业高中毕业生成长为全国技术能手，享受国务院政府特殊津贴，胡胜在车床上诠释着精益求精、追求完美极致的工匠精神。

2009年国庆阅兵仪式上，我国自行研制的大型预警机首次亮相，机身上方安装的雷达可以360度全方位覆盖，成为万众瞩目的焦点。这个雷达关键零部件的加工生产，是由胡胜带领团队完成的。在雷达零部件的金属上，用电脑设定好程序，通过数控车对金属进行雕刻，做成各种精致的零件，被形象地称为"在金属上进行雕刻的艺术"。雷达零部件对精度的要求苛刻，有的误差要求不能超过0.005~0.008毫米，甚至要达到0.004毫米的精度，哪怕一丝划痕也不能出现。

　　胡胜先后在机载火控、机载预警、舰载火控、星载等一系列具有国际先进水平的重点科研项目中承担关键件、重要件加工70多项，攻克了毫米波雷达的波纹管一次车削成形、机载火控雷达反射面加工变形等技术难题。初步统计，自2006年以来，胡胜加工品种600多项，提出技术革新和合理化建议30多项，尤其在数控车的宏程序编程模块、车铣一次性加工成形等方面提出许多独特的方法，大大提高了生产效率，节约科研经费近千万元。

　　胡胜是我国精密加工制造领域的领军人物，先后荣获全国数控技能大赛职工组数控车第一名、全国五一劳动奖章、国务院政府特殊津贴、全国技术能手、江苏省最美职工……2015年，胡胜获中华技能大奖，被誉为"工人院士"。

 国标规范

### 图线在屏幕上的颜色

GB/T 14665-2012《机械工程 CAD 制图规则》规定，图线在屏幕上的颜色如下表所示。

| 图线类型 | 屏幕上的颜色 |
| --- | --- |
| 粗实线 | 白色 |
| 细实线 | 绿色 |
| 波浪线 | 绿色 |
| 双折线 | 绿色 |
| 细虚线 | 黄色 |
| 粗虚线 | 白色 |
| 细点画线 | 红色 |
| 粗点画线 | 棕色 |
| 细双点画线 | 粉红色 |

# 项目五
# 装配图的绘制

## 项目概述

中望 CAD 机械教育版软件为用户提供了功能齐全、便捷的作图方式，可以快速、高效地绘制各种工程图。装配图的绘制是中望 CAD 机械教育版中较为复杂的综合应用部分，本项目以千斤顶、齿轮油泵的绘制为案例，主要介绍绘制装配图的一般绘制顺序和基本步骤。

如图 5-0-1 所示为本项目思维导图。

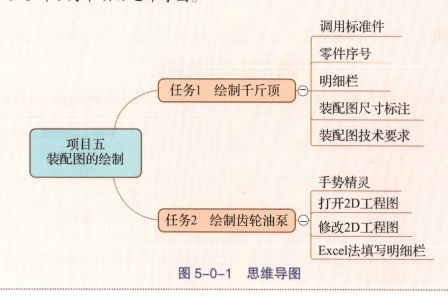

图 5-0-1 思维导图

## 项目目标

**知识目标**

（1）熟练运用常用绘制工具命令进行装配图的绘制。

（2）掌握装配图的尺寸标注内容和标注方法。

（3）掌握零件序号、标题栏、明细栏、技术要求的调用和填写方法。

**技能目标**

（1）熟练运用相关命令绘制千斤顶装配图。

（2）熟练运用相关命令绘制齿轮油泵装配图。

> **素养目标**
> （1）培养学生对工程应用进行合作交流和反思的能力。
> （2）培养学生传承科技、推动可持续发展的社会责任感。

 **任务目标**

（1）熟练运用常用绘制工具及修改命令进行绘图。
（2）掌握标准件的调用方法。
（3）掌握装配图中尺寸标注的内容和标注方法。
（4）掌握图幅、标题栏、零件序号、明细栏、技术要求的调入方法和填写要求。

 **任务内容**

千斤顶结构图和分解图，如图 5-1-1 所示。

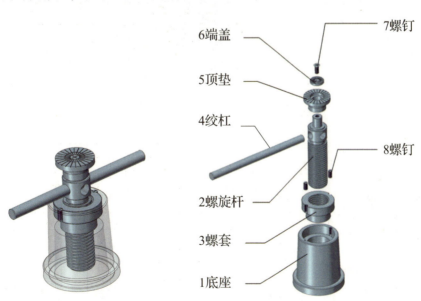

图 5-1-1　千斤顶结构图和分解图

运用中望 CAD 机械教育版软件绘制千斤顶装配图，如图 5-1-2 所示。

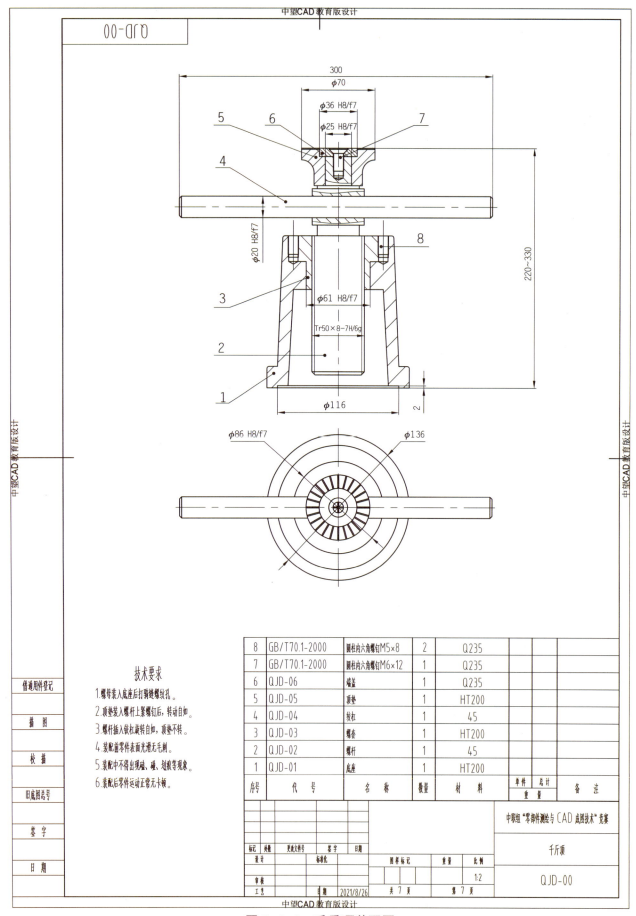

图 5-1-2 千斤顶装配图

项目五 装配图的绘制

**任务分析**

千斤顶的装配图选用了主视图和俯视图两个基本视图：主视图采用全剖视图，表达千斤顶的工作原理和各部分之间的装配关系，同时也将各零件的主要结构表达清楚；俯视图用来表达千斤顶的外形。

装配图的图形绘制时，可先绘制各零件图，其中标准件的图形可方便地从"PartBuilder"库中调用，再进行零件图的装配组合。图形绘制完毕后，调入图幅和填写标题栏，标注装配图中必要的尺寸，然后编排零件序号并填写明细栏、技术要求等，完成装配图的绘制。其过程如图 5-1-3 所示。

图 5-1-3 装配图绘制过程

**知识链接**

**做中教**

## 一、调用标准件，快速绘制图形操作案例

在中望 CAD 机械教育版界面中提供了方便绘制标准件的方法，可以快速地绘制各类标准件的视图。下面以绘制内六角圆柱头螺钉 M6×12 的视图为例。

（1）如图 5-1-4 所示，单击"机械"菜单，选择"PartBuilder"，再选择"出库"，调出"系列化零件设计开发系统"主图幅界面。

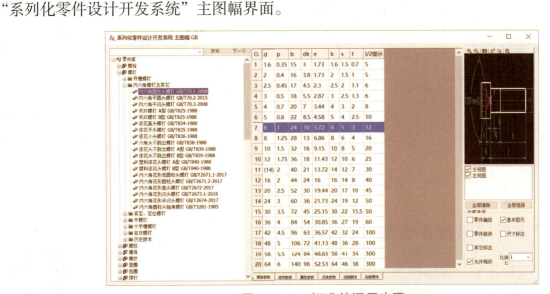

图 5-1-4 标准件调用步骤

如图 5-1-5 所示，点击左侧的目录树，得到内六角圆柱头螺钉的参数表，在列表中选择直

径 $d$ 为 6 的参数行，点击长度参数"1/2 提示"列的下拉菜单▼，选择 12。

（2）点击 绘制零件 ，鼠标左键在绘图区域中选择放置位置，并调整图形方向，即可得到内六角圆柱头螺钉 M6×12 的图形，如图 5-1-6 所示。

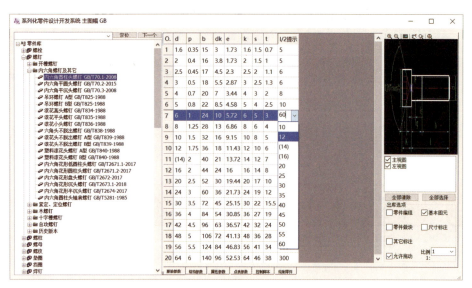

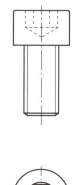

图 5-1-5　设置内六角圆柱头螺钉 M6×12　　　　　图 5-1-6　螺钉视图

**要点提示：**

为方便找到标准紧固件，快速出图，需要认识常见标准件的名称。如图 5-1-7 所示为常见螺钉名称和外形。

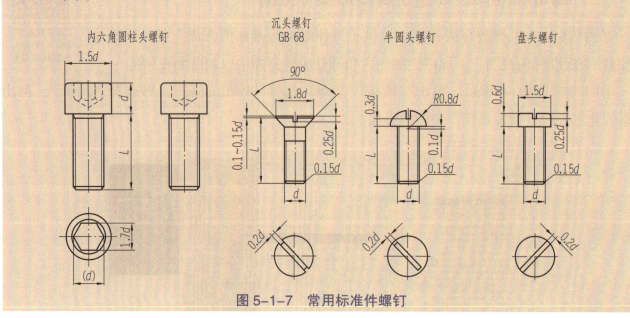

图 5-1-7　常用标准件螺钉

## 二、编排零件序号操作案例

利用零件序号标注命令完成图 5-1-8 所示的水泵主视图中各组成零件序号的标注，其操作步骤如下。

编排序号操作
案例 水泵主视
图编排序号

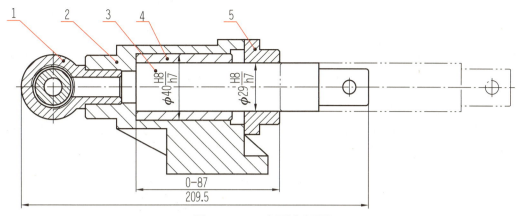

图 5-1-8　水泵主视图

（1）单击"机械"菜单，选择"序号/明细表"，再选择"标注序号"，调出"引出序号"主图幅界面。

（2）根据需要选择序号类型：直线型，勾选"序号自动调整"，如图 5-1-9 所示。

再点击"引线"标签，选择箭头类型：引出端为原点，如图 5-1-10 所示。

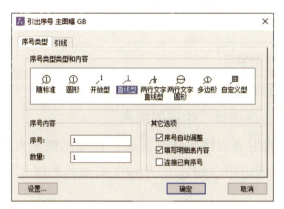
图 5-1-9　引出序号序号类型标签

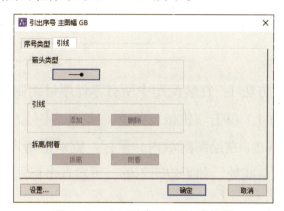
图 5-1-10　引出序号引线标签

（3）单击"确定"按钮，在零件轮廓内选取合适位置，单击鼠标左键，完成第一个序号的标注。

（4）依次标注其他序号。完成后的序号标注如图 5-1-11 所示。

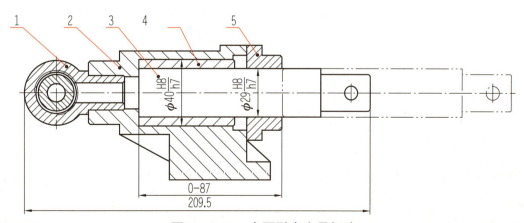

图 5-1-11　水泵引出序号标注

> **要点提示：**
> （1）序号应标注在视图周围，按顺时针或逆时针沿水平或铅直方向整齐排列，尽可能均匀分布。
> （2）指引线应从零件的可见轮廓线内引出。指引线不能相互交叉。当通过剖面线的区域时，指引线不能与剖面线平行。必要时允许将指引线画成折线，但只允许转折一次。
> （3）使用大光标可以方便地将序号对齐。大光标的设置方法：输入快捷键"OP"（或下拉"工具"菜单，选择"选项"），按空格键或回车键，调出"选项"菜单界面，在"显示"工具栏内，拖动工具条将"十字光标大小"设置为最大值100，单击左键点选确认。

### 三、明细栏调用操作案例

利用明细栏命令完成如图 5-1-12 所示弹簧泵明细栏的调用和填写。

明细表填写操作案例 弹簧泵明细填写

| 4 | THB-04 | 泵水 | 1 | 6062AL | | | |
| 3 | THB-03 | 连接轴 | 1 | 6062AL | | | |
| 2 | THB-02 | 螺柱 | 1 | 6062AL | | | |
| 1 | THB-01 | 基座 | 1 | 6062AL | | | |
| 序号 | 图号 | 名称 | 数量 | 材料 | 单件 | 总计 | 备注 |
| | | | | | 重量 | | |

图 5-1-12　弹簧泵明细栏

方法 1：在装配图中所有零件序号编制完成后填写明细栏，操作步骤如下。

（1）单击"机械"菜单，选择"序号/明细表"，再选择"生成明细表"。

（2）在绘图区域内，鼠标左键单击指定明细栏的生成表格界线点（通常在标题栏上方最大可用空间处，如果空间不够，再次点击标题栏左方最大可用空间处）。生成的明细栏如图 5-1-13 所示。

| 4 | | | 1 | | | | |
| 3 | | | 1 | | | | |
| 2 | | | 1 | | | | |
| 1 | | | 1 | | | | |
| 序号 | 图号 | 名称 | 数量 | 材料 | 单件 | 总计 | 备注 |
| | | | | | 重量 | | |

图 5-1-13　弹簧泵明细栏

（3）选择要编辑的图框（图框线条变为虚线），鼠标左键单击，出现"序号输入"主图幅。双击鼠标左键，进行相关内容的录入。

（4）依次进行所有内容的录入，完成明细栏的填写。

方法 2：在编制零件序号的同时填写明细栏，操作步骤如下。

（1）单击"机械"菜单，选择"序号/明细表"，再选择"标注序号"，调出"引出序号"主图幅界面。

（2）选择序号类型为直线型，并同时勾选"序号自动调整"和"填写明细表内容"两项，如图 5-1-14 所示。再选择引线标签的箭头类型为原点类型，如图 5-1-15 所示。

图 5-1-14　引出序号的序号类型

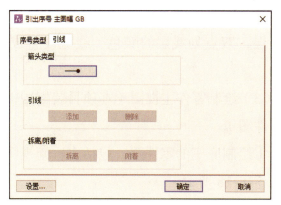

图 5-1-15　引线序号的引线标签

（3）左键点击"确定"按钮后，在零件轮廓内点击鼠标左键选择引出序号位置，出现"序号输入"主图幅，如图 5-1-16 所示。

（4）鼠标左键双击，可以录入填写零件相关内容，点击"确定"按钮，完成第一个零件的序号标注和明细栏内容填写，如图 5-1-17 所示。

图 5-1-16　弹簧泵明细栏调用序号输入主图幅

图 5-1-17　弹簧泵明细栏内容填写

（5）依次完成其他零件的序号标注和明细栏内容填写。

（6）单击"机械"菜单，选择"序号/明细表"，再选择"生成明细表"，在合适的位置选择表格界线点，即可生成的带有填写内容的明细栏。

> **要点提示：**
> （1）方法一和方法二适用于所含零件不多的机构中装配图明细栏的调入填写操作。
> （2）如果装配图中零件个数多，可以使用方法一并结合 Excel 表格，进行明细栏的填写操作。

##  任务实施

###  做中学

（1）创建图形文件。

双击中望 CAD 软件图标 , 单击试用 , 进入中望 CAD 机械教育版界面，默认文件名 Drawing1.dwg。

（2）设置图层。

①单击"图层特性"图标 , 弹出"图层特性管理器"对话框。

②分别将轮廓实线层，细线层，中心线层，虚线层，剖面线层，文字层，标注层，符号标注层，双点划线层的颜色、线宽设置成所需样式，设置完成后，关闭"图层特性管理器"窗口。

（3）绘制零件主视图（本项目装配图中涉及的相关零件的尺寸到附录中查询，或复制已有的零件图）。

①绘制底座的零件图，包括主、俯视图，并根据需要将主视图绘制成全剖视图，图形效果如图5-1-18所示。

②绘制螺套的零件图，图形效果如图5-1-19所示。

③绘制螺杆的零件图，为表达清楚零件中螺纹孔的结构，采用局部剖视图的方法，图形效果如图5-1-20所示。

④绘制顶垫的零件图，包括主、俯视图，根据需要主视图设置成全剖视图，图形效果如图5-1-21所示。

⑤绘制端盖的零件图，图形效果如图5-1-22所示。

⑥绘制绞杠的零件图，图形效果如图5-1-23所示。

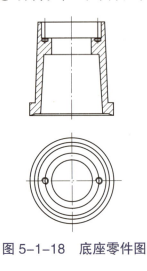

图5-1-18 底座零件图

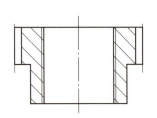

图5-1-19 螺套零件图

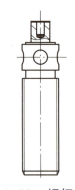

图5-1-20 螺杆零件图

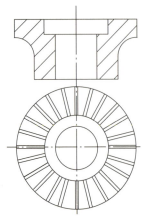

图5-1-21 顶垫零件图

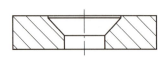

图5-1-22 端盖零件图

图5-1-23 绞杠零件图

（4）复制底座零件图，修改后作为装配图。然后将所有零件图主视图按装配关系顺序依次叠加。

①底座的主视图，图形效果如图5-1-24所示。

②在底座的主视图上，装配螺套，图形效果如图5-1-25所示。

③在底座、螺套的主视图上，装配螺杆，图形效果如图5-1-26所示。

④在底座、螺套、螺杆的主视图上，装配顶垫，图形效果如图5-1-27所示。

⑤在底座、螺套、螺杆、顶垫的主视图上，装配端盖，图形效果如图5-1-28所示。

⑥在底座、螺套、螺杆、顶垫、端盖的主视图上，装配绞杠，图形效果如图5-1-29所示。

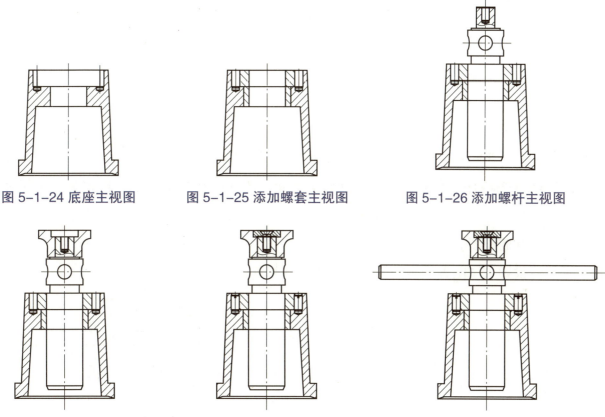

图5-1-24 底座主视图　　图5-1-25 添加螺套主视图　　图5-1-26 添加螺杆主视图

图5-1-27 添加顶垫主视图　　图5-1-28 添加端盖主视图　　图5-1-29 添加绞杠主视图

⑦在底座、螺套、螺杆、顶垫、端盖、绞杠的主视图上，调用标准件十字槽沉头螺钉M10×20和开槽平端紧定螺钉M10×20的视图，进行装配，具体过程如下。

调用标准件十字槽沉头螺钉M10×20，图形效果如图5-1-30所示，具体步骤如下。

将螺钉装配在正确的位置，图形效果如图5-1-31所示。

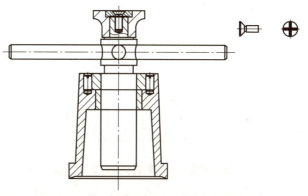

图5-1-30 标准件GB/T819 螺钉M10×20调用

删去多余直线并修改线型，图形效果如图5-1-32所示。

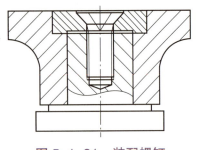
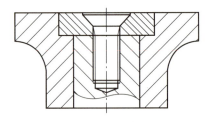

图 5-1-31 装配螺钉　　　　　　　图 5-1-32 修改装配处线型

调用标准件开槽平端紧定螺钉 M10×20 视图，将螺钉图线装配在正确的位置，图形效果如图 5-1-33 所示。删去多余直线并修改线型，图形效果如图 5-1-34 所示。

使用镜像功能，得到另外一处的螺钉装配图，图形效果如图 5-1-35 所示。

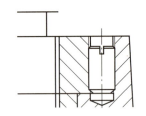 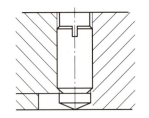 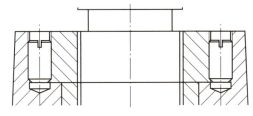

图 5-1-33 装配 螺钉 M10×20　　图 5-1-34 修改装配处线型　　图 5-1-35 镜像螺钉装配

⑧将螺杆和绞杠配合处，采用局部剖视方法，表达清楚装配关系，图形效果如图 5-1-36 所示。

（5）绘制俯视图。

①按照投影关系配置底座的俯视图，图形效果如图 5-1-37 所示。

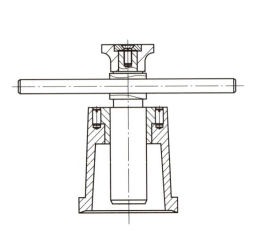
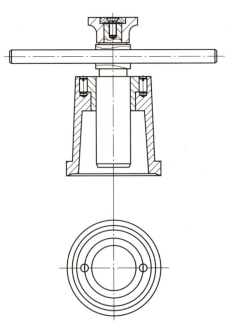

图 5-1-36 局部剖视图表达螺杆、绞杠装配关系　　图 5-1-37 配置俯视图

②依次在俯视图上添加顶垫、端盖、螺钉、绞杠的俯视图，图形效果如图 5-1-38 所示。

③按照要求修改俯视图，去除多余线条，图形效果如图 5-1-39 所示。

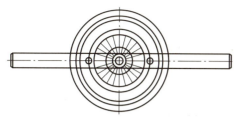

图 5-1-38　添加俯视图中的零件

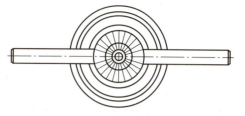

图 5-1-39　修改后的俯视图

（6）调入图幅，使图幅和视图大小相适应，图形效果如图 5-1-40 所示。

（7）调入标题栏并填写相关内容，图形效果如图 5-1-41 所示。

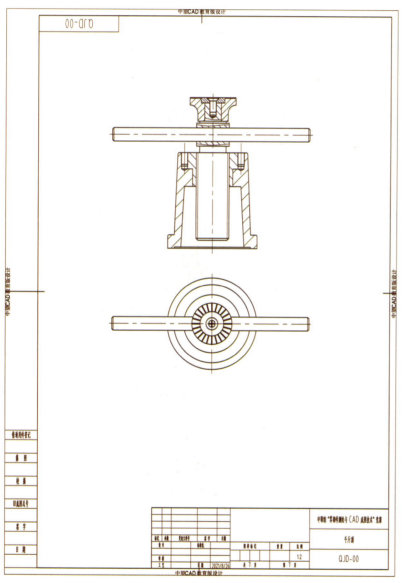

图 5-1-40　设置图幅

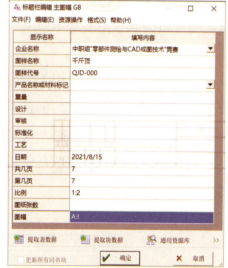

图 5-1-41　调入标题栏并填写

（8）标注尺寸：千斤顶装配图上需要标注的尺寸有总体尺寸、装配尺寸和规格尺寸。

①标注总体尺寸和规格尺寸，图形效果如图 5-1-42 所示。

②标注装配尺寸，图形效果如图 5-1-43 所示。

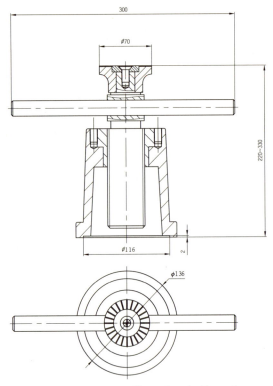

图 5-1-42　总体尺寸、规格尺寸

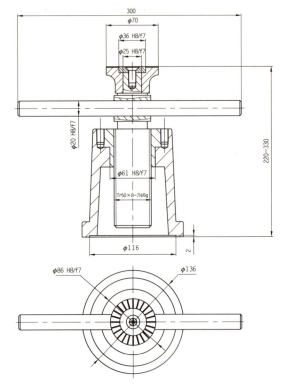

图 5-1-43　总体尺寸、规格尺寸、装配尺寸

（9）编排零件序号，图形效果如图 5-1-44 所示。

（10）调用明细栏并填写相关内容，使用绘制直线指令，将明细栏内的竖线，画为粗实线，图形效果如图 5-1-45 所示。

（11）拟定技术要求相关内容，图形效果如图 5-1-46 所示。将技术要求放至装配图中合适的位置，效果如图 5-1-47 所示。这样，最终完成装配图的绘制。

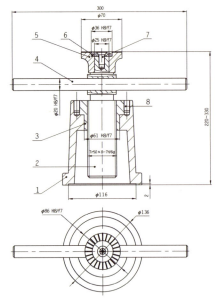

图 5-1-44　编排零件序号

| 8 | GB/T70.1-2000 | 圆柱内六角螺钉M5×8 | 1 | Q235 | | | |
|---|---|---|---|---|---|---|---|
| 7 | GB/T70.1-2000 | 圆柱内六角螺钉M6×12 | 1 | Q235 | | | |
| 6 | QJD-06 | 端盖 | 1 | Q235 | | | |
| 5 | QJD-05 | 顶垫 | 1 | HT200 | | | |
| 4 | QJD-04 | 绞杠 | 1 | 45 | | | |
| 3 | QJD-03 | 螺套 | 1 | HT200 | | | |
| 2 | QJD-02 | 螺杆 | 1 | 45 | | | |
| 1 | QJD-01 | 底座 | 1 | HT200 | | | |
| 序号 | 图号 | 名称 | 数量 | 材料 | 单件 | 总计 | 备注 |
| | | | | | 重量 | | |

图 5-1-45　明细栏

项目五  装配图的绘制    171

图 5-1-46  技术要求内容

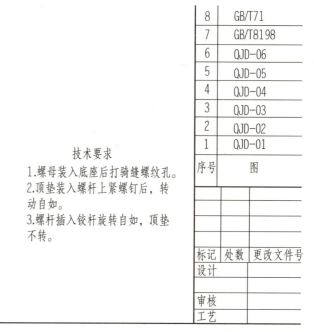

图 5-1-47  技术要求放置位置

## 任务小结

常用命令如表 5-1-1 所示。

表 5-1-1  中望机械绘图常用命令一览表

| 项目 | 快捷键 | 项目 | 快捷键 |
|---|---|---|---|
| 选项 | OP | 零件序号标注 | XH |
| 标准件 | XL | 明细栏 | MXB |
| 图幅 | TF | 技术要求 | YQ |
| 尺寸标注 | D | | |

## 巩固练习

使用已有的钻模装配图，请完成如图 5-1-48 所示钻模装配图的图幅设置、填写标题栏、编排零件序号、填写明细栏和拟定技术要求。（本题装配图中涉及到的相关零件的尺寸到附录中查询）

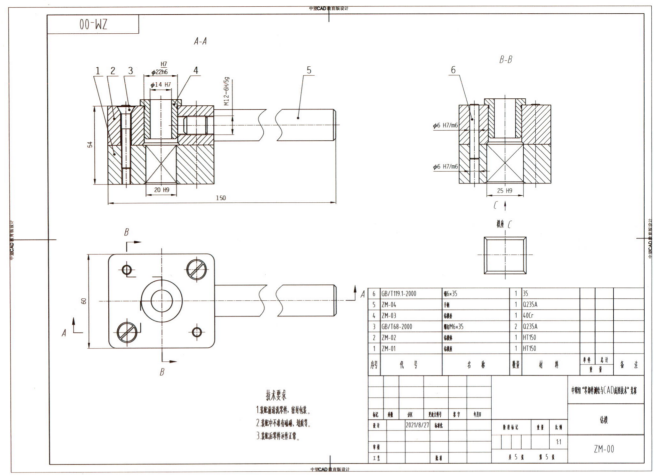

图 5-1-48 钻模装配图巩固练习

## 任务评价

如表 5-1-2 所示,根据学生自评、组内互评和教师评价将各项得分,以及总评内容和得分填入表中。

表 5-1-2 考核评价表

| 任务内容 | 评价内容 | 配分 | 学生自评 | 组内互评 | 教师评价 |
| --- | --- | --- | --- | --- | --- |
| 绘制千斤顶 | 图幅设置 | 10 | | | |
| | 标题栏 | 10 | | | |
| | 零件序号标注 | 20 | | | |
| | 明细栏 | 20 | | | |
| | 技术要求 | 10 | | | |
| 巩固练习 | 成图 | 30 | | | |
| | 总计得分 | 100 | | | |

## 拓展练习

使用已有的零件图，请完成如图 5-1-49 所示球阀的装配图。（本题装配图中涉及到的相关零件的尺寸到附录中查询）

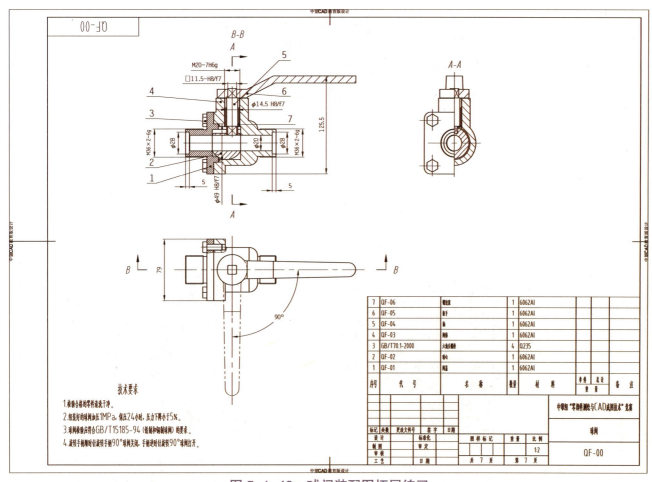

图 5-1-49 球阀装配图拓展练习

 绘制齿轮油泵

### 任务目标

（1）掌握装配图的图幅调用方法、标题栏的填写内容。
（2）掌握装配图中尺寸标注的内容和标注方法。
（3）掌握零件序号的引出方法。
（4）掌握明细栏和技术要求调入方法和填写要求。

## 任务内容

齿轮油泵由左端盖、主动齿轮轴、从动齿轮轴、泵体、右端盖、外齿轮等15种零件装配而成。齿轮油泵的结构分解图如图5-2-1所示。

图 5-2-1 齿轮油泵结构分解图

运用中望CAD机械教育版软件绘制齿轮油泵装配图，如图5-2-2所示。

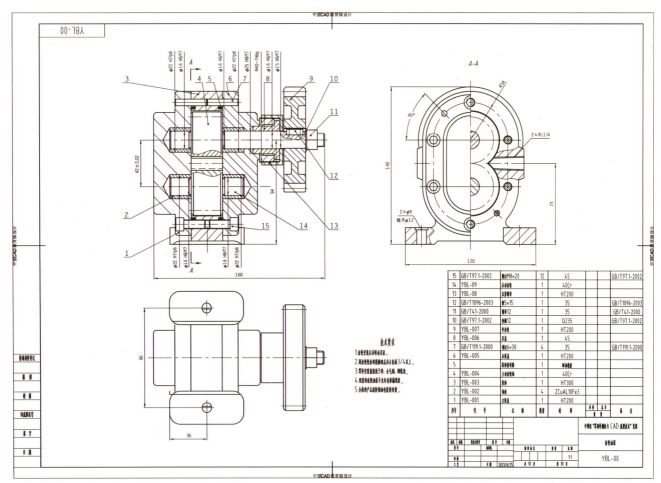

图 5-2-2 齿轮油泵装配图

齿轮油泵的装配图选用了主视图和左视图两个基本视图：主视图采用全剖视图，表达齿轮油泵零件间的装配关系，同时也将各零件的主要结构表达清楚；左视图是沿左泵盖与泵体的接

项目五　装配图的绘制

合面剖开，用半剖视图来表达齿轮油泵的工作原理，并采用局部剖视图表达进、出油孔和安装孔的位置和结构。

零件众多、结构复杂的机构，其装配图的图形绘制时，可先使用中望3D软件进行实物造型和装配，并根据需要生成二维工程图。然后利用中望CAD绘图软件，打开准备好的工程图，进行视图的选择和修改，设置图幅和填写标题栏，标注装配图中必要的尺寸，然后引出零件序号并填写明细栏、技术要求等，完成装配图的绘制。其过程如图5-2-3所示。

图 5-2-3　齿轮油泵装配图绘制过程

**知识链接**

**做中教**

## 一、手势精灵的设置操作案例

手势精灵设置操作案例

"手势精灵"是CAD为方便用户的使用而设置的一种快捷操作方式，能极大地提高用户的操作速度。手势精灵设置步骤如下。

（1）打开"工具"，选择"手势精灵"，可以看到如图5-2-4所示界面，有"启用/关闭"和"设置"两个选项。

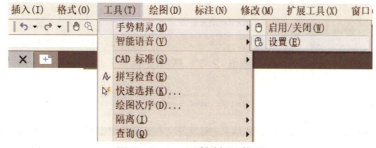

图 5-2-4　手势精灵菜单

（2）单击"启用/关闭"可以随时启用或关闭手势精灵，如图5-2-5所示。

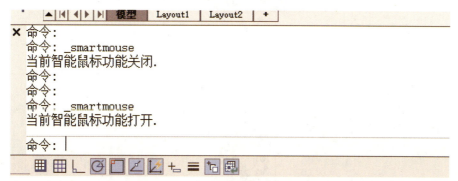

图 5-2-5　手势精灵启用/关闭

（3）点击"设置"，我们就可以在弹出的对话框中查看 CAD 软件默认的快捷键操作方式，如图 5-2-6 所示。

（4）在"添加手势"栏用户也可自定义手势命令。

图 5-2-6　手势精灵设置

> **要点提示：**
> （1）手势精灵设置时，可以根据需要把命令替换为使用频率高和不方便操作的功能，例如 L（直线）、SPL（曲线）、ma（格式刷）等等。
> （2）手势精灵使用时，鼠标右键按照所设置的箭头方向滑动即可。

## 二、工程图打开操作案例

单击"文件"菜单，选择所需工程图文件，点击"打开"，如图 5-2-7 所示。打开后的操作界面如图 5-2-8 所示。

图 5-2-7　选择文件

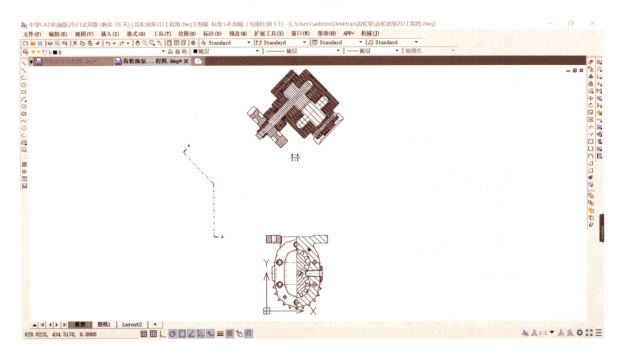

图 5-2-8　工程图打开过程

> **要点提示：**
>
> 根据需要，工程图中的视图可以多生成几种，在中望 CAD 软件中可以方便地删除、移动、旋转、镜像、阵列、复制等操作来修改完善图样。

## 三、装配图主视图线型修改操作案例

装配图主视图修改操作案例（球阀主视图绘制）

完成对图 5-2-9 所示的球阀装配工程图的主视图中各线型的删除、修改、添加，其操作步骤如下。

（1）将"颜色控制""线性控制""线宽控制"通过下拉菜单均选择"随层"。并通过镜像功能将主视图摆放到工作位置。

（2）删除不需要的内容。主要包括：由于剖切带来的线、字母、数字等，无需剖切处的剖面线，重复的各类中心线、细实线、轮廓线，各种螺纹、齿轮的牙型线。

（3）改线型。

①中心线：选中图线，按下"3"，则选中的线段修改为中心线线型。

②改螺纹配合处的粗实线和细实线：选中图线，按下"2"，则选中的图线修改为细实线线型。选中图线，按下"1"，则选中的图线修改为轮廓实线型。

③改剖面线：选中图线，按下"5"，则选中的图线修改为剖面线线型。

完成后的球阀装配图的主视图如图 5-2-10 所示。

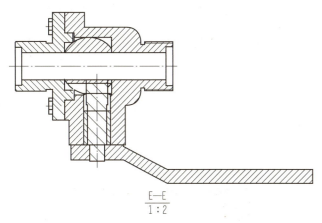

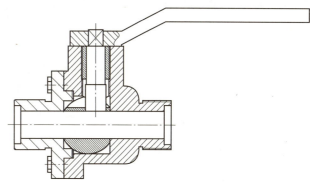

图 5-2-9　球阀装配工程图主视图　　　图 5-2-10　球阀装配图中的主视图修改线型完成后

> **要点提示：**
>
> （1）所有的轴线和对称中心线为细点画线即中心线。零件由于剖切原因往往有多根轴线，要注意删除只保留一根。相同规格的螺钉，只需要一处采用局部剖视图表达装配关系即可，其余的可以只用对称中心线表示安装位置，注意不要遗漏。
>
> （2）螺栓、螺柱、螺钉连接时，注意螺纹连接处要按照外螺纹的画法绘制，非配合处按各自的画法绘制。

## 四、明细栏调用、填写操作案例

完成如图 5-2-11 所示齿轮油泵明细栏的调用和填写。

| 15 | GB/T97.1-2002 | 螺钉M8×20 | 12 | 45 | | | |
|---|---|---|---|---|---|---|---|
| 14 | YBL-09 | 从动齿轮 | 1 | 40Cr | | | |
| 13 | YBL-08 | 压紧螺母 | 1 | HT200 | | | |
| 12 | GB/T1096-2003 | 键5×15 | 1 | 35 | | | |
| 11 | GB/T41-2000 | 螺母12 | 1 | 35 | | | |
| 10 | GB/T97.1-2002 | 垫圈12 | 1 | Q235 | | | |
| 9 | YBL-007 | 外齿轮 | 1 | HT200 | | | |
| 8 | YBL-006 | 压盖 | 1 | 45 | | | |
| 7 | GB/T119.1-2000 | 销钉6×30 | 4 | 35 | | | |
| 6 | YBL-005 | 后泵盖 | 1 | HT200 | | | |
| 5 | | 泵体密封圈 | 1 | 耐油橡胶 | | | |
| 4 | YBL-004 | 主动齿轮轴 | 1 | 40Cr | | | |
| 3 | YBL-003 | 泵体 | 1 | HT300 | | | |
| 2 | YBL-002 | 轴套 | 4 | ZCuAL10Fe3 | | | |
| 1 | YBL-001 | 左泵盖 | 1 | HT200 | | | |
| 序号 | 图号 | 名称 | 数量 | 材料 | 单件 | 总计 | 备注 |
| | | | | | 重量 | | |

图 5-2-11　齿轮油泵明细栏

（1）使用 Excel 表格，较为方便地完成如图 5-2-12 所示内容的填写。

（2）在装配图操作界面，生成明细栏。

①点击"机械"菜单下的"序号/明细表"的下拉菜单"处理明细表"，调出"明细表编辑"窗口。

②将 Excel 中填写的内容复制（选中内容，然后使用"Ctrl+C"或右键"复制"）命令，粘贴（在明细栏合适位置，使用"Ctrl+V"或右键"粘贴"）到明细栏中，检查无误后，点击"文件"的下拉菜单"生成明细表"，如图 5-2-13 所示。

| | A | B | C | D |
|---|---|---|---|---|
| 1 | YBL-001 | 左泵盖 | 1 | HT200 |
| 2 | YBL-002 | 轴套 | 4 | ZCuAL10Fe3 |
| 3 | YBL-003 | 泵体 | 1 | HT300 |
| 4 | YBL-004 | 主动齿轮轴 | 1 | 40Cr |
| 5 | | 泵体密封圈 | 1 | 耐油橡胶 |
| 6 | YBL-005 | 后泵盖 | 1 | HT200 |
| 7 | GB/T119.1-2000 | 销钉6×30 | 4 | 35 |
| 8 | YBL-006 | 压盖 | 1 | 45 |
| 9 | YBL-007 | 外齿轮 | 1 | HT200 |
| 10 | GB/T97.1-2002 | 垫圈12 | 1 | Q235 |
| 11 | GB/T41-2000 | 螺母12 | 1 | 35 |
| 12 | GB/T1096-2003 | 键5×15 | 1 | 35 |
| 13 | YBL-08 | 压紧螺母 | 1 | HT200 |
| 14 | YBL-09 | 从动齿轮 | 1 | 40Cr |
| 15 | GB/T97.1-2002 | 螺钉M8×20 | 12 | 45 |

图 5-2-12　齿轮油泵明细栏使用 Excel 填写内容

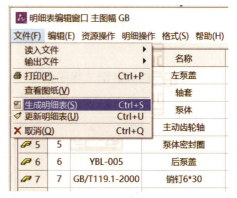

图 5-2-13　明细栏生成操作

③根据提示，在合适位置生成的明细栏，如图 5-2-14 所示。

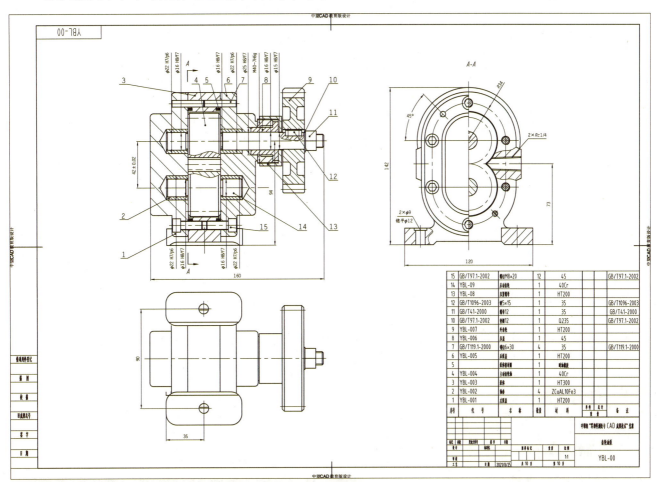

图 5-2-14 明细栏放置位置

④修改线型：将明细栏中的竖线修改为粗实线，完成明细栏的填写，如图 5-2-15 所示。

| 15 | GB/T97.1-2002 | 螺钉M8×20 | 12 | 45 | |
|---|---|---|---|---|---|
| 14 | YBL-09 | 从动齿轮 | 1 | 40Cr | |
| 13 | YBL-08 | 压紧螺母 | 1 | HT200 | |
| 12 | GB/T1096-2003 | 键5×15 | 1 | 35 | |
| 11 | GB/T41-2000 | 螺母12 | 1 | 35 | |
| 10 | GB/T97.1-2000 | 垫圈12 | 1 | Q235 | |
| 9 | YBL-007 | 外齿轮 | 1 | HT200 | |
| 8 | YBL-006 | 压盖 | 1 | 45 | |
| 7 | GB/T119.1-2000 | 销钉6×30 | 4 | 35 | |
| 6 | YBL-005 | 后泵盖 | 1 | HT200 | |
| 5 | | 泵体密封圈 | 1 | 耐油橡胶 | |
| 4 | YBL-004 | 主动齿轮轴 | 1 | 40Cr | |
| 3 | YBL-003 | 泵体 | 1 | HT300 | |
| 2 | YBL-002 | 轴套 | 4 | ZCUAL10Fe3 | |
| 1 | YBL-001 | 左泵盖 | 1 | HT200 | |
| 序号 | 图号 | 名称 | 数量 | 材料 | 单件 总计 备注<br>重量 |

图 5-2-15 齿轮油泵明细栏

### 要点提示：

（1）Excel表格可以方便地以"序列方式"填充，用来快速生成序号和图号，如图5-2-16所示。

（2）Excel表格也可以方便地以"复制单元格"方式填充，用来快速生成序号和图号，如图5-2-17所示。

图5-2-16　序列方式填充表格

图5-2-17　复制单元格方式填充表格

## 任务实施

### 做中学

#### 1. 创建图形文件

双击中望CAD软件图标，进入中望CAD机械教育版界面，打开中望3D软件生成的2D工程图。文件图形操作界面效果如图5-2-18所示。

#### 2. 随层和设置图层

（1）将"颜色控制""线性控制""线宽控制"通过下拉菜单均选择"随层"。

图5-2-18　图形界面

（2）单击"图层特性"图标，分别将各线层的颜色、线宽设置成所需样式。

#### 3. 设置图幅、填写标题栏

选择合适大小的图幅，如图5-2-19所示；调出标题栏如图5-2-20所示，填写标题栏如图5-2-21所示。

图5-2-19　设置图幅

齿轮油泵装配图设置图幅

齿轮油泵装配图填写标题栏

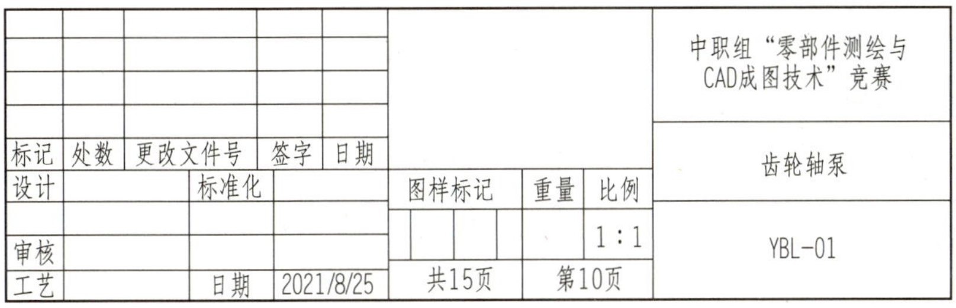

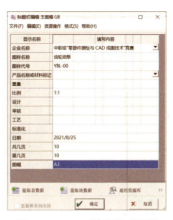

图 5-2-20　调出标题栏

图 5-2-21　填写标题栏

## 4. 视图修改

调整视图位置，删除多余线段、修改线型，添加局部剖视图，完成后的图形如图 5-2-22 所示。

齿轮油泵装配图视图修改

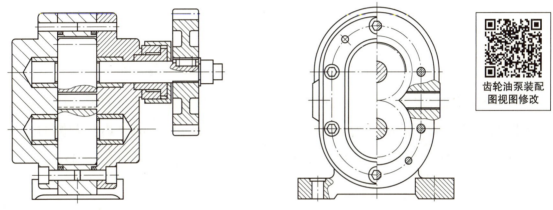

图 5-2-22　视图修改

## 5. 标注尺寸

齿轮油泵装配图上需要标注的尺寸有总体尺寸、装配尺寸（含配合尺寸和相对位置尺寸）、安装尺寸和其他重要尺寸。

齿轮油泵装配图标注尺寸

（1）标注总体尺寸，图形效果如图 5-2-23 所示。

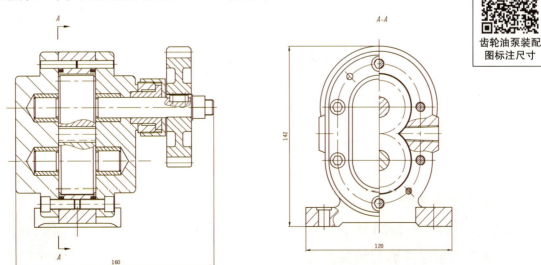

图 5-2-23　总体尺寸

（2）标注装配尺寸。标注相对位置尺寸图形效果如图 5-2-24 所示。

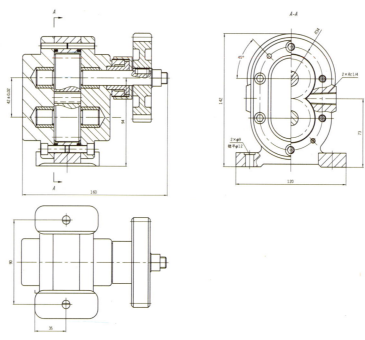

图 5-2-24　总体尺寸、相对位置尺寸

（3）标注配合尺寸：主动齿轮轴及从动齿轮轴与泵体、泵盖的配合均为 φ18H7/f6；齿轮的齿顶圆与泵体齿轮腔的配合为 φ48H8/f7；销孔配合为 φ5H7/h6；齿轮两侧面与泵体泵盖配合为 25H8/h7；两齿轮中心距为 42H8。标注配合尺寸后图形效果如图 5-2-25 所示。

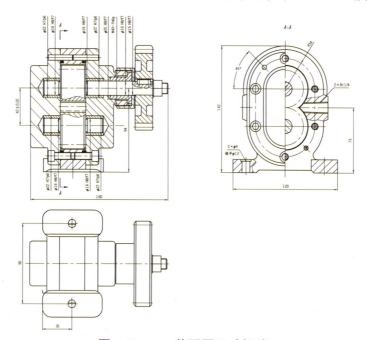

图 5-2-25　装配图尺寸标注

### 6. 编排零件序号

图形效果如图 5-2-26 所示。

### 7. 调用明细栏并填写相关内容

图形效果如图 5-2-27 所示。

齿轮油泵装配图编排序号

齿轮油泵装配图明细栏填写

项目五 装配图的绘制

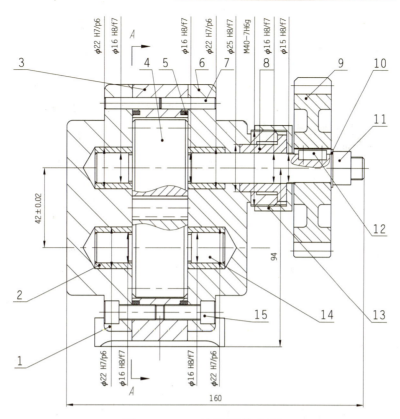

图 5-2-26 编排零件序号

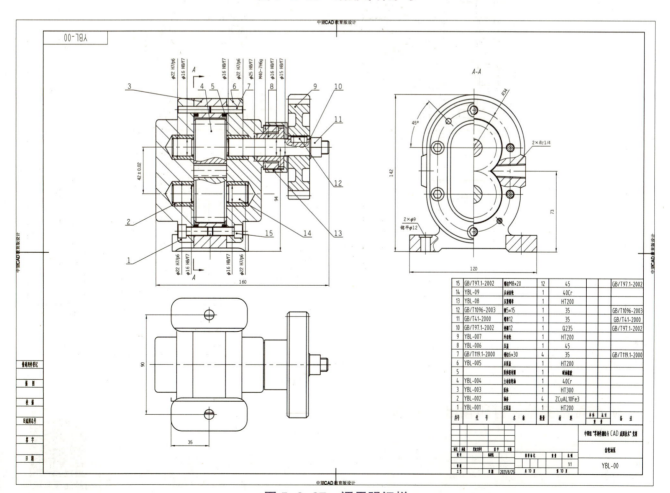

图 5-2-27 调用明细栏

### 8. 拟定技术要求相关内容

如图 5-2-28 所示。将技术要求放至装配图中合适的位置，效果如图 5-2-29 所示。

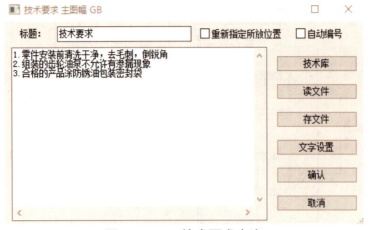

齿轮油泵装配图
拟定技术要求

图 5-2-28 技术要求内容

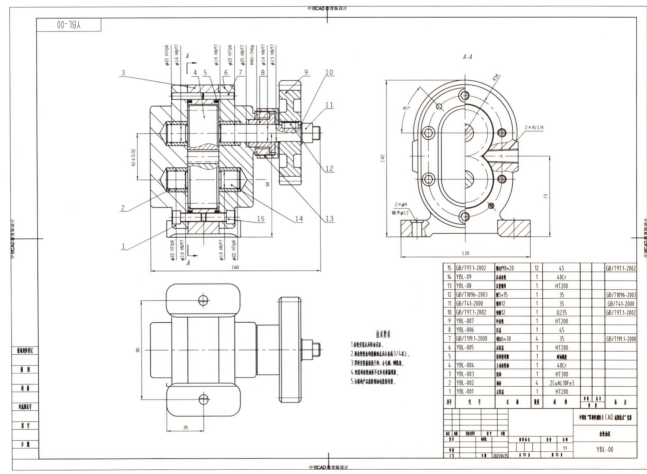

图 5-2-29 齿轮油泵技术要求

### 9. 装配图完成，打印输出 PDF 文件

齿轮油泵装配图
输出 PDF 文件

**任务小结**

常用命令如表 5-2-1 所示。

表 5-2-1　中望机械绘图常用命令一览表

| 项目 | 快捷键 | 项目 | 快捷键 |
| --- | --- | --- | --- |
| 旋转 | RO | 曲线 | SPL |
| 移动 | M | 剖面线填充 | H |
| 延伸 | YS | 镜像 | MI |
| 剪切 | TR | 打印 | Ctrl+P |

 **巩固练习**

使用如图 5-2-30 所示钻模装配的 2D 工程图，完成钻模装配图的图层设置、视图选择与修改、图幅设置、标题栏填写、尺寸标注、零件序号标注、明细栏填写和添加技术要求。装配图完成后应如 5-2-31 所示。

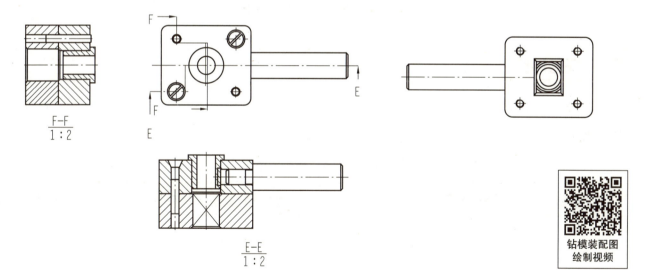

图 5-2-30　钻模装配图绘制练习 2D 工程图

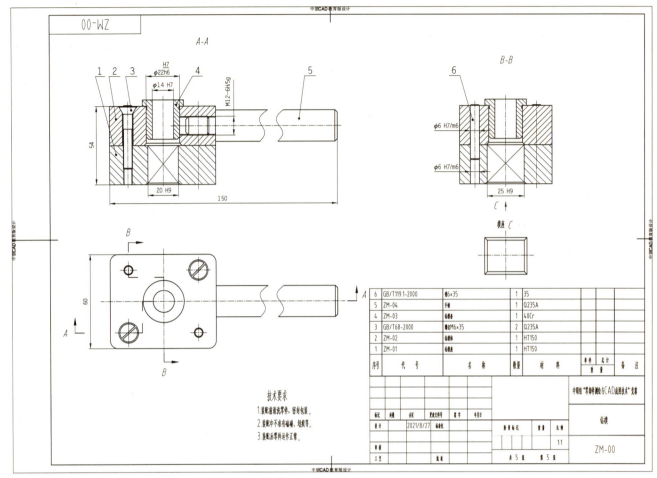

图 5-2-31 钻模装配图

 **任务评价**

如表 5-2-2 所示，根据学生自评、组内互评和教师评价将各项得分，以及总评内容和得分填入表中。

表 5-2-2 考核评价表

| 任务内容 | 评价内容 | 配分 | 学生自评 | 组内互评 | 教师评价 |
|---|---|---|---|---|---|
| 绘制齿轮油泵 | 图幅设置 | 10 | | | |
| | 标题栏 | 10 | | | |
| | 零件序号标注 | 20 | | | |
| | 明细栏 | 20 | | | |
| | 技术要求 | 10 | | | |
| 巩固练习 | 成图 | 30 | | | |
| 总计得分 | | 100 | | | |

## 项目五 装配图的绘制

**拓展练习**

如图 5-2-32 球阀的 2D 工程图,完成如图 5-2-33 所示球阀的装配图。

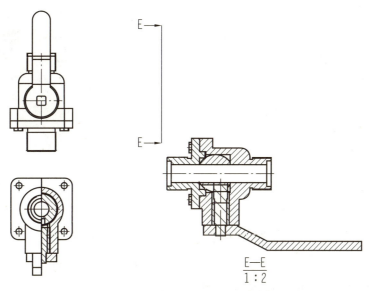

图 5-2-32 球阀装配图绘制练习 2D 工程图

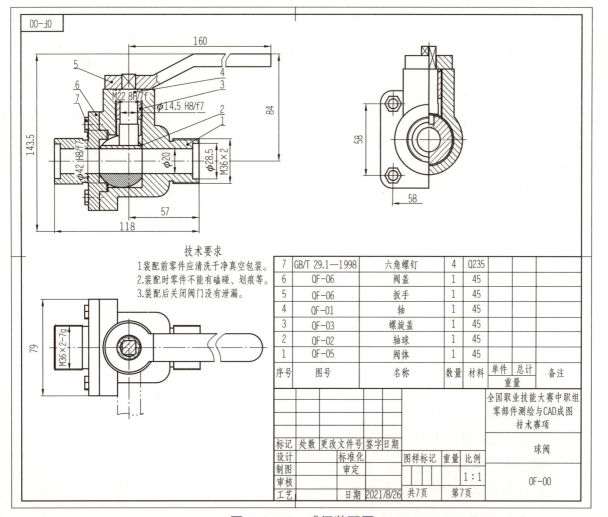

图 5-2-33 球阀装配图

匠心筑梦

### 王树军：技能报国　匠心筑梦

他是维修工，也是设计师，更像是永不屈服的斗士！临危请命只为国之重器不能受制于人，中国工匠的风骨在他身上体现得淋漓尽致，助力中国内燃机迈向高端，做自动化设备改造的领军者。

致力中国高端装备研制，不被外界高薪诱惑。坚守打造重型发动机中国心。攻克的进口高精加工中心光栅尺气密保护设计缺陷，填补国内空白，成为中国工匠勇于挑战进口设备的经典案例。独创的"垂直投影逆向复原法"，解决了进口加工中心定位精度为千分之一度的NC转台锁紧故障，打破了国外技术封锁和垄断。

大胆质疑，解决进口数控设备行业难题。某加工中心光栅尺故障频发。他利用一周的时间，找到了该批次加工中心的设计缺陷。搭建了全新气密气路，攻克了设计缺陷难题，将故障率由40%降至1%，年创造经济效益780余万元，该设计填补国内空白，也成为中国工人勇于挑战进口设备行业难题的经典案例。

自主造血，消除生产瓶颈。带队为WP9H/10H这颗"中国心"自主造血！升级52台设备、自制33台设备、制造改制工装216台套，优化刀具刀夹79套，不仅节约设备采购费用3 000多万元，更将日产能从80台提高到120台，缩短市场投放周期12个月，每年创造直接经济效益1.44亿元。

大胆尝试，助推智能制造。四气门整体式气缸盖加工效率一举提升37.5%，主持完成了气缸盖两气门生产线向四气门生产线换型的改造，改进设备15台（套）、改进工装20套，累计节省采购成本1 024万元，多项自动化设备成功用于生产，整体效率提升25%，每年创造经济效益2 530余万元。

王树军作为潍柴工匠人才的一面旗帜，凭借精益求精、持之以恒、爱岗敬业、不断创新的工匠精神，为广大职工树立了一个正直进取、勤学实干、技能突出的榜样形象。他是千千万万坚守一线岗位、默默奉献工匠的缩影，他们正在为中国制造业自主创新、迈向高端不懈奋斗。

 国标规范

### 图线重合的优先顺序

GB/T 14665—2012《机械工程 CAD 制图规则》规定，当两个以上不同类型的图线重合时，应遵守以下的优先顺序：

（1）可见轮廓线和棱线（粗实线）。

（2）不可见轮廓线和棱线（细虚线）。

（3）剖切线（细点画线）。

（4）轴线和对称中心线（细点画线）。

（5）假想轮廓线（细双点画线）。

（6）尺寸界线和分界线（细实线）。

# 项目六

# 三维图形的绘制

## 项目概述

目前，三维图形的绘制广泛应用在工程设计和绘图过程中。中望CAD机械教育版可以通过三种方式来创建三维图形，即线架模型方式、曲面模型方式和实体模型方式。线架模型方式为一种轮廓模型，它由三维的直线和曲线组成，没有面和体的特征。曲面模型方式用面描述三维对象，它不仅定义了三维对象的边界，而且定义了表面，即具有面的特征。实体模型方式不仅具有线和面的特征，而且具有体的特征，各实体对象间可以进行各种布尔操作，从而创建复杂的三维实体图形。

如图6-0-1所示为本项目思维导图。

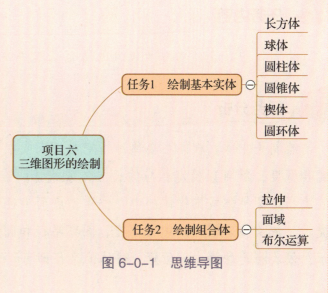

图6-0-1 思维导图

## 项目目标

**知识目标**

（1）掌握中望CAD机械教育版绘制基本实体的常用绘制工具命令的功能。

（2）掌握二维图创建实体工具拉伸命令的功能。

（3）掌握实体编辑命令并集、交集和补集的功能。

**技能目标**

（1）熟练运用相关命令绘制基本实体。

（2）熟练运用相关命令绘制组合体。

**素养目标**

（1）培养学生实事求是的学习态度、积极探索的学习习惯。

（2）激发学生参与专业实践的热情。

## 任务 1　绘制基本实体

基本实体是构成三维实体模型最基础的元素。基本实体对象包括长方体、球体、圆柱体、圆锥体、楔体、圆环体。可以在"绘图"下子菜单"实体"里选择想要创建的实体。如图 6-1-1 所示。

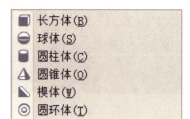

图 6-1-1　基本实体

**任务目标**

掌握绘制基本实体的常用绘制工具命令功能。

**任务内容**

绘制如图 6-1-1 命令里包含的所有基本实体。

**任务分析**

绘制长方体、楔体主要通过指定对角点或中心位置来确定，已知长方体或楔体的长度、高度和宽度，就可以确定相应的长方体或楔体；绘制圆柱体、圆锥体时，需要根据命令行提示，依次指定圆柱体或圆锥体的中心位置、底面半径和高度即可。绘制圆环体时，需要根据命令行提示，依次指定圆环的中心位置、圆环半径和圆管半径即可；绘制球体时，需要根据命令行提示，依次指定球的中心位置、球体的半径即可。

**知识链接**

### 一、绘制一个 200×100×50 的长方体，如图 6-1-2 所示

操作步骤如下。

（1）在菜单栏中选择"绘图"下子菜单"实体"中的"长方体"命令。

（2）在命令行的"指定第一个角点："提示信息下输入（0，0，0），通过指定角点来绘制长方体。

（3）在命令行的"指定其他角点："提示信息下输入 L，根据长、宽、高来绘制长方体。

图 6-1-2　长方体

（4）在命令行的"指定长度："提示信息下输入 200，指定长方体的长度。

（5）在命令行的"指定宽度："提示信息下输入 100，指定长方体的宽度。

（6）在命令行的"指定高度："提示信息下输入 50，指定长方体的高度。

（7）选择菜单"视图"的下拉菜单"三维视图"中"西南等轴测"命令，依次选择"视图""着色""平面着色"；在三维视图中观察绘制的长方体。

> **要点提示：**
>
> 观察三维实体模型的步骤如下。
> （1）"视图"→"三维视图"→"西南等轴测"命令；
> （2）选择"视图"→"着色"→"平面着色"。
> （3）在三维视图中观察绘制的基本实体，后面都要采用这种操作。

## 二、绘制一个如图 6-1-3 所示半径为 150 的球体

操作步骤如下。

（1）选择菜单"绘图"下拉菜单"实体"的"球体"命令。

（2）在命令行的"指定中心点或［三点（3P）/两点（2P）/相切、相切、半径（T）］："提示信息下，指定球的中心位置（0，0，0）。

（3）在命令行的"指定圆的半径或［直径（D）］："提示信息下输入 150，指定球体的半径。

（4）在三维视图中观察绘制的球体。

图 6-1-3　球体

## 三、绘制一个底面半径为 150，高度为 100 的圆柱体，如图 6-1-4 所示

操作步骤如下。

（1）选择菜单"绘图"下拉菜单"实体"中的"圆柱体"命令。

（2）在命令行的"指定底面的中心点或［三点（3P）/两点（2P）/相切、相切、半径（T）］："提示信息下，指定圆柱的中心位置（0，0，0）。

（3）在命令行的"指定圆半径或［直径（D）］："提示信息下输入 150，指定底面圆柱的半径。

（4）在命令行的"指定高度或［两点（2P）/中心轴（A）］："提示信息下输入 100，指定圆柱的高度。

（5）在三维视图中观察绘制的圆柱体。

图 6-1-4　圆柱体

## 四、绘制一个底面半径为 100，高度为 200 的圆锥体，如图 6-1-5 所示

操作步骤如下。

（1）选择菜单"绘图"下拉菜单"实体"中的"圆锥体"命令。

（2）在命令行的"指定底面的中心点或［三点（3P）/两点（2P）/相切、相切、半径（T）］:"提示信息下，指定圆锥的中心位置（0，0，0）。

（3）在命令行的"指定圆半径或［直径（D）］:"提示信息下输入150，指定底面圆锥的半径。

（4）在命令行的"指定高度或［两点（2P）/中心轴（A）］:"提示信息下输入100，指定圆锥的半径。

（5）在三维视图中观察绘制的圆锥体。

图 6-1-5　圆锥体

## 五、绘制一个 200×100×50 的楔体，如图 6-1-6 所示

（1）在菜单栏中选择"绘图"下子菜单"实体"中的"楔体"命令。

（2）在命令行的"指定第一个角点:"提示信息下输入（0，0，0），通过指定角点来绘制楔体。

（3）在命令行的"指定其他角点:"提示信息下输入L，根据长、宽、高来绘制楔体。

（4）在命令行的"指定长度:"提示信息下输入200，指定楔体的长度。

图 6-1-6　楔体

（5）在命令行的"指定宽度:"提示信息下输入100，指定楔体的宽度。

（6）在命令行的"指定高度:"提示信息下输入50，指定楔体的高度。

（7）在三维视图中观察绘制的楔体。

## 六、绘制一个圆环半径为150，圆管半径为30的圆环体，如图 6-1-7 所示

操作步骤如下。

（1）选择菜单"绘图"下拉菜单"实体"中的"圆环体"命令。

（2）在命令行的"指定中心点或［三点（3P）/两点（2P）/相切、相切、半径（T）］:"提示信息下，指定圆环的中心位置（0，0，0）。

（3）在命令行的"指定半径或［直径（D）］:"提示信息下输入150，指定圆环的半径。

（4）在命令行的"指定圆管半径或［两点（2P）/直径（D）］:"提示信息下输入30，指定圆管的半径。

（5）在三维视图中观察绘制的圆环体。

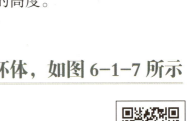

图 6-1-7　圆环体

**任务实施**

**做中学**

绘制 200×200×200 的正方体，如图 6-1-8 所示，操作步骤如下。

（1）在菜单栏中选择"绘图"下子菜单"实体"中的"长方体"命令。

（2）在命令行的"指定第一个角点："提示信息下输入（0,0,0），通过指定角点来绘制长方体。

（3）在命令行的"指定其他角点："提示信息下输入 L，根据长、宽、高来绘制长方体。

（4）在命令行的"指定长度："提示信息下输入 200，指定长方体的长度。

（5）在命令行的"指定宽度："提示信息下输入 200，指定长方体的宽度。

（6）在命令行的"指定高度："提示信息下输入 200，指定长方体的高度。

（7）选择菜单"视图"的下拉菜单"三维视图"中"西南等轴测"命令，依次选择"视图""着色""平面着色"。

（8）在三维视图中观察绘制的长方体。

图 6-1-8　正方体

 **任务小结**

常用命令如表 6-1-1 所示。

表 6-1-1　中望机械绘图常用命令一览表

| 项目 | 快捷键 | 项目 | 快捷键 |
| --- | --- | --- | --- |
| 长方体 | BO | 球体 | SPH |
| 圆柱体 | CY | 圆锥体 | CONE |
| 楔体 | WED | 圆环体 | TOR |

 **巩固练习**

（1）如图 6-1-9 所示，绘制一个 400×200×100 的楔体。

（2）如图 6-1-10 所示，绘制一个半径为 200，高度为 400 的圆锥体。

图 6-1-9　楔体

图 6-1-10　圆锥体

## 任务评价

如表 6-1-2 所示，根据学生自评、组内互评和教师评价将各项得分，以及总评内容和得分填入表中。

表 6-1-2 考核评价表

| 任务内容 | 评价内容 | 配分 | 学生自评 | 组内互评 | 教师评价 |
| --- | --- | --- | --- | --- | --- |
| 绘制基本实体 | 视图切换 | 5 | | | |
| | 着色切换 | 5 | | | |
| | 命令应用 | 20 | | | |
| | 快捷键 | 10 | | | |
| | 尺寸 | 30 | | | |
| 巩固练习 | 成图 | 30 | | | |
| 总计得分 | | 100 | | | |

## 拓展练习

使用中望 3D 软件绘制 150×150×150 的正方体。

**操作提示：** 如图 6-1-11 所示，新建零件，点击"造型"中的"六面体"；选择坐标原点作为"点 1"位置；在标注处，分别在"长度""宽度""高度"中输入 150，点击右键确认即可完成正方体建立。

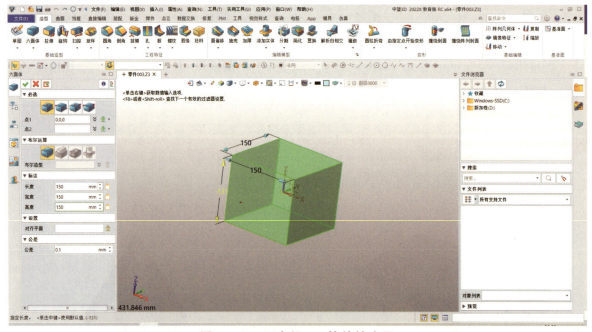

图 6-1-11 中望 3D 软件的应用

项目六 三维图形的绘制 195

## 任务 2 绘制组合体

### 任务目标

（1）掌握二维图创建实体工具拉伸等命令的功能。

（2）掌握实体编辑命令并集、交集和补集的功能。

（3）掌握通过二维图创建实体绘制组合体。

### 任务内容

如图 6-2-1 所示，运用中望 CAD 机械教育版软件对组合体进行三维建模。

### 任务分析

该三维图形由底板、圆柱体、筋等实体所构成，使用基本实体无法创建，可采用"直线""圆"等命令构建二维图形，以此通过"拉伸"命令来完成该组合体的三维建模。

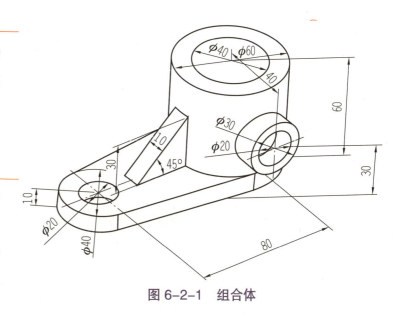

图 6-2-1 组合体

### 知识链接

  做中教

### 一、"拉伸"  的使用操作

在中望 CAD 机械教育版中，通过拉伸二维轮廓曲线可以创建出三维实体。

单击"绘图"菜单下的"实体"子菜单中"拉伸"命令；或在命令栏输入"toolbar"，按空格键确认，弹出"定制工具栏"界面，如图 6-2-2 所示，在左侧"菜单栏"选择勾选"ZWCAD"，右侧"工具栏"勾选"实体"，以此在绘图区显示实体命令栏，如图 6-2-3 所示，这样可快速启

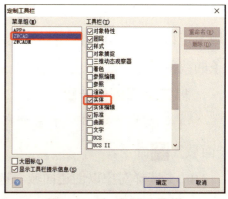

图 6-2-2 定制工具栏

动拉伸命令（EXTRUDE）。

图 6-2-3　实体命令栏

### 1. 拉伸实体的步骤

（1）依次单击"绘图"菜单下的"实体"子菜单中的"拉伸"命令。

（2）选择要拉伸的对象，然后按回车键或空格键。

（3）指定拉伸高度。

### 2. 拉伸实体操作样例

（1）绘制一个 φ40 的圆，启动"拉伸"命令，选择"圆"，输入 10 作为实体的高度，如图 6-2-4 所示，方向指向 Z 轴正方向，点击空格键确认。

（2）选择菜单"视图"的下拉菜单"三维视图"中"西南等轴测"命令，依次选择"视图""着色""平面着色"。

（3）在三维视图中观察绘制的圆柱体，如图 6-2-5 所示。

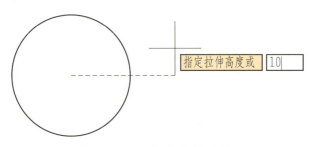

图 6-2-4　输入拉伸高度

图 6-2-5　圆柱体

> **要点提示：**
> （1）如果拉伸高度填的是负值，即默认向 Z 轴的负方向拉伸创建实体。
> （2）创建实体完成后，可通过按着"Shift+鼠标中键"进行实体旋转，从而切换视图方向。

## 二、"面域"的使用操作

该命令将选取对象中的封闭区域转换为面域对象。面域是一个具有物理特性的二维封闭区域。可以转换为面域的闭环对象是封闭某个区域的多段线、直线、圆弧、椭圆、椭圆弧以及样条曲线的组合，但不包括交叉交点和自交曲线。每个闭合环都将转换为独立的面域对象。

### 1. 定义面域的步骤

（1）单击"绘图"工具栏中的"面域"按钮，或单击"绘图"菜单中的"面域"命令。

（2）选择对象以创建面域。选择的对象必须形成闭合区域，例如圆或闭合多段线。

（3）按回车键。命令行提示检测到的环的数量以及创建的面域的数量。

项目六 三维图形的绘制 197

### 2. 面域的操作样例

绘制一个φ40的圆，使用面域工具生成面域，由于面域不可见，采用平面着色工具使面域可见，如图6-2-6所示。操作步骤如下。

（1）在命令栏输入"C"启动"圆"命令，输入"20"作为圆的半径，点空格键确认。

（2）依次选择"绘图""面域"，或在命令栏输入"region"，依次选择上一步骤创建的图形，点空格键确认。

（3）依次选择"视图""着色""平面着色"，即可得到图6-2-6所示的φ40圆面域。

图6-2-6 φ40圆面域

## 三、布尔运算

布尔运算是数字符号化的逻辑推演法，包括并集、差集、交集。在图形处理操作中引用了这种逻辑运算方法以使简单的基本图形组合产生新的形体。

在命令栏输入"toolbar"，按空格键确认，弹出"定制工具栏"，如图6-2-7所示，在左侧"菜单栏"选择勾选"ZWCAD"，右侧"工具栏"勾选"实体编辑"，以此在绘图区显示实体编辑命令栏，如图6-2-8所示，这样可快速启动布尔运算命令。

图6-2-7 定制工具栏

图6-2-8 实体编辑命令栏

### 1. "并集"的使用

**1）操作步骤**

"并集"命令可以通过组合多个实体生成一个新实体。该命令主要用于将多个相交或相接触的对象组合在一起。当组合一些不相交的实体时，其显示效果看起来还是多个实体，但实际上却被当作一个对象。在使用该命令时，只需要依次选择待合并的对象即可。

（1）单击"实体编辑"选项卡中的"并集"。

（2）依次选择要合并的实体、曲面或面域，按回车键（Enter）。

**2）并集的操作样例**

利用并集功能绘制如图6-2-9所示的组合圆柱体。操作步骤如下。

（1）在命令栏输入"C"启动"圆"命令，依次绘制半径为8和10的同心圆，如图6-2-10所示。

（2）启动"拉伸"命令，选择R8的圆，输入30作为实体的拉伸高度，按空格键确认。切换至轴测图并着色显示。如图 6-2-11 所示。

图 6-2-9 并集

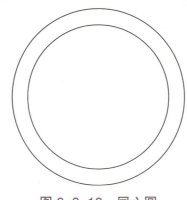
图 6-2-10 同心圆

图 6-2-11 拉伸 R8 圆

（3）再次启动"拉伸"命令，选择 R10 的圆，输入 15 作为实体的拉伸高度，按空格键确认。如图 6-2-12 所示。

（4）单击菜单"修改"下拉菜单"实体编辑"中的"并集"，依次选择要合并的实体，按回车键（Enter）。可以从图 6-2-13 所示的左侧图形中看到两个圆柱体已经合并在一起。

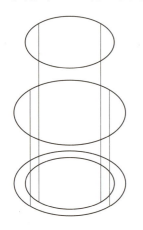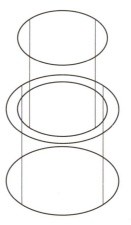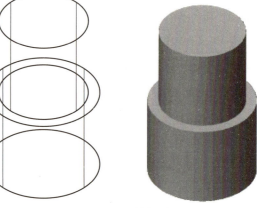

图 6-2-12 拉伸 R10 圆　　　　　　　　图 6-2-13 并集应用

### 2."差集" 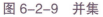 的使用

#### 1）操作步骤

"差集"命令可以将两个或多个三维实体、曲面或面域通过"减"操作，合并为一个整体对象。

（1）单击"实体编辑"选项卡中的"差集"。

（2）选择要从中减去的实体、曲面或面域（被减数），按回车键（Enter）。

（3）选择要减去的实体、曲面或面域（减数），按回车键（Enter）。

差集

#### 2）"差集"的操作样例

利用差集功能绘制如图 6-2-14 所示的圆柱环。操作步骤如下。

（1）在命令栏输入"C"启动"圆"命令，依次绘制半径为 5 和

图 6-2-14 圆柱环实体

15 的同心圆，如图 6-2-15 所示。

（2）启动"拉伸"命令，选择 R5 的圆，输入 20 作为实体的拉伸高度，按空格键确认。切换至轴测图并着色显示。如图 6-2-16 所示。

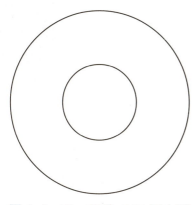

图 6-2-15　R5 和 R15 同心圆

图 6-2-16　拉伸 R5 圆

（3）再次启动"拉伸"命令，选择 R15 的圆，输入 15 作为实体的拉伸高度，按空格键确认。如图 6-2-17 所示。

（4）单击菜单"修改"下拉菜单"实体编辑"中的"差集"，选择要从中减去的实体（R15 圆柱体），按回车键（Enter）；再选择要减去的实体（R5 圆柱体），按回车键（Enter）。如图 6-2-18 所示。

图 6-2-17　拉伸 R15 圆

图 6-2-18　差集实体应用

### 3."交集" 的使用

1）操作步骤

"交集"命令，可以从一个实体中减去另外一个实体而形成新的实体。

（1）单击"实体编辑"选项卡中的"交集"。

（2）选择所有需要求交集的实体、曲面或面域，按回车键（Enter）。

2）"交集"的操作样例

利用交集功能绘制如图 6-2-19 所示的实体。操作步骤如下。

（1）在命令栏输入"C"启动"圆"命令，绘制半径为 10 的圆；再在命令栏输入"REC"启动"矩形"命令，绘制 40×40 的矩形。如图 6-2-20 所示。

交集

图 6-2-19　交集

（2）启动"拉伸"命令，选择 R10 的圆，输入 20 作为实体的拉伸高度，按空格键确认。切换至轴测图并着色显示。如图 6-2-21 所示。

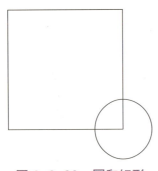

图 6-2-20　圆和矩形

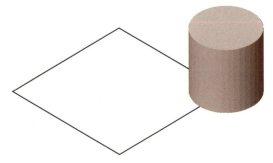

图 6-2-21　拉伸 R10 圆

（3）再次启动"拉伸"命令，选择矩形，输入 15 作为实体的拉伸高度，按空格键确认。如图 6-2-22 所示。

（4）单击菜单"修改"下拉菜单"实体编辑"中的"交集"，选择所有要相交的实体，按回车键（Enter）。如图 6-2-23 所示。

图 6-2-22　拉伸矩形

图 6-2-23　交集实体

## 任务实施

### 做中学

（1）绘制如图 6-2-24 所示内容，操作步骤如下。

①在菜单中单击"圆"工具命令，或在命令行输入字母"C"后确认，此时命令行提示"指定圆的圆心："，用鼠标任意点取一点，输入"20"作为圆的半径确认。

②在命令行输入"ZX"或在菜单栏点击"机械"→"绘图工具"→"中心线"，启动"中心线"命令，点击上一步骤创建的圆，即可得到中心线。

③在命令行输入"O"或在菜单栏中选择"偏移"命令，输入"80"作为偏移距离，按空格键确认，选择上一步创建的竖直中心线，鼠标

二维图形案例

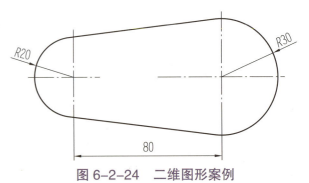

图 6-2-24　二维图形案例

移向右边，此时可预览偏移后的中心线，按空格键确认；选择上一步骤创建的水平中心线的右端点，延长至与本步骤创建的中心线相交（注意开启正交模式）。

④在菜单中单击"圆"工具命令或在命令行输入字母"C"后确认，此时命令行提示"指定圆的圆心："，用鼠标选择上一步骤创建的交点，输入"30"作为圆的半径，确认。

⑤在命令行输入"E"确认，选择所有中心线，空格键确认删除；参考步骤（2）为两圆创建中心线；在菜单中单击"直线"工具命令，或在命令行输入字母"L"后确认，此时命令行提示"指定第一个点："，用鼠标选取R20的圆与竖直中心线的上交点，此时命令行提示"指定下一点："，用鼠标选取R30的圆与竖直中心线的下交点，空格键确认。

⑥在菜单栏中点击"修剪"命令或在命令行输入"tr"后确认，此时命令行提示选取"对象来剪切边界："，再次点击空格键确认，以此"全选"边界；选择需要修剪的曲线，最后结果以图6-2-25所示。

⑦选择"绘图"→"面域"功能，或在命令栏输入"_region"，依次选择步骤（6）创建的图形的4条线段，空格键确认；选择"视图"→"着色"→"平面着色"，可以看到刚刚创建的面域以着色填充显示；选择"视图"→"三维视图"→"西南等轴侧视图"，如图6-2-26所示。

⑧选择菜单"绘图"下拉菜单"实体"中的"拉伸"命令。此时命令提示栏提示选择对象，选择步骤（7）创建的面域，空格键确认；此时命令提示栏提示输入指定拉伸高度，输入"10"以表示向Z轴正方向拉伸10毫米，空格键确认。

⑨可以看到如图6-2-27所示的三维实体。

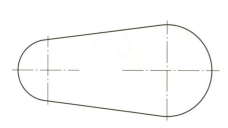    

图6-2-25　修剪后结果　　　　图6-2-26　面域着色　　　　图6-2-27　三维实体底座

**要点提示：**
（1）如果拉伸前没有创建面域，而是选择边界曲线，即会拉伸出面体。
（2）实体着色后显示的颜色与该图层颜色一致。
（3）创建面域时，不要选择到中心线。

实体

（2）绘制如图6-2-28所示实体内容，操作步骤如下。

①选择"视图"→"三维视图"→"俯视"；选择"视图"→"着色"→"二维线框"；将鼠标移动至状态栏，点右键显示"设置"，在"草图设置"对话框中选择"对象捕捉"，仅启用"中心"。

②选择"绘图"→"实体"→"圆柱体"，此时命令提示栏提示指定地面的中心，鼠标移动至左边半圆如图6-2-29所示，单击鼠标

图6-2-28　实体

左键确认选择；此时命令提示栏提示指定圆的半径，键入"10"，按空格键确认；此时命令提示栏提示指定高度，键入"-20"，按空格键确认。

③与步骤（2）类似，选择"绘图"→"实体"→"圆柱体"，此时命令提示栏提示指定地面的中心，鼠标移动至右边半圆，如图6-2-30所示，单击鼠标左键确认选择；此时命令提示栏提示指定圆的半径，键入"30"，按空格键确认；此时命令提示栏提示指定高度，键入"50"，按空格键确认。类似的，在本步骤创建的圆柱体上端面，创建半径"20"高度"-80"的圆柱体，如图6-2-31所示。

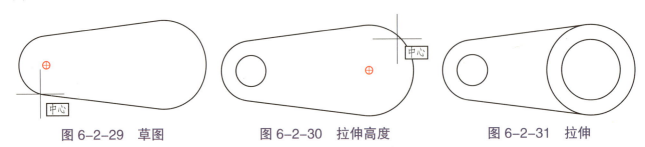

图6-2-29　草图　　　　　图6-2-30　拉伸高度　　　　　图6-2-31　拉伸

④选择"视图"→"三维视图"→"主视图"；设置"对象捕捉"→"全部选择"；绘制如图6-2-32所示中心线；与步骤（1）类似，捕捉中心线交点绘制半径"15"高度"40"的圆柱与半径"10"高度"60"的圆柱；选择"视图"→"三维视图"→"西南等轴侧视图"，得到如图6-2-33实体。

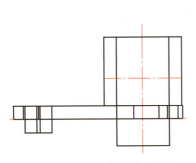 

图6-2-32　绘制中心线　　　　　　　　图6-2-33　实体

⑤选择"修改"→"实体编辑"→"差集"，此时命令提示栏提示选择要从中减去的实体，选择步骤（1）创建的"底座"，如图6-2-34所示，按空格键确认，此时命令提示栏提示选择要减去的实体，选择R10的圆柱体，如图6-2-35所示，按空格键确认。

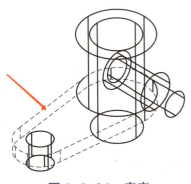 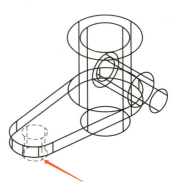

图6-2-34　底座　　　　　　　　　图6-2-35　R10圆柱体

⑥类似于步骤（4），选择"修改"→"实体编辑"→"差集"，选择步骤（3）创建的半径为"30"高度为"50"的圆柱、步骤（4）半径"15"高度"40"的圆柱如图6-2-36所示，按空格键确认，选择圆柱与半径"10"高度"60"的圆柱如图6-2-37，按空格键确认。

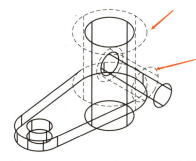

图6-2-36　R15与R30圆柱体

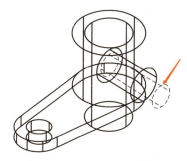

图6-2-37　R20圆柱体

⑦选择"修改"→"实体编辑"→"差集"，选择底座、步骤（5）产生的实体，如图6-2-38所示，按空格键确认，选择步骤（3）创建的半径为"20"高度为"80"的圆柱，如图6-2-39所示，按空格键确认。选择"视图"→"着色"→"平面着色"即可查看完成的实体。

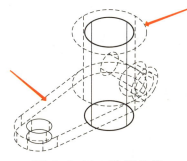

图6-2-38　选择曲线

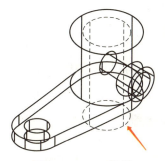

图6-2-39　拉伸

（3）绘制如图6-2-40所示的筋板，步骤如下。

①选择"视图"→"三维视图"→"俯视图"；菜单栏输入"L"启动"直线"命令，绘制如图6-2-41长度为30的直线；菜单栏输入"O"启动"偏移"命令，键入"5"作为偏移距离，鼠标向上获得直线，按空格键确认，类似的在水平中心线下方偏移一条直线，如图6-2-42所示。

图6-2-40　筋板

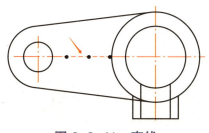

图6-2-41　直线

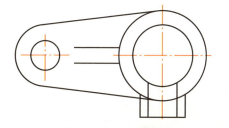

图6-2-42　偏移

筋板

②键入"M"启动"移动"命令，选择图6-2-41所示创建的直线的右端点，移动至与右侧圆柱面相交，如图6-2-43所示，对下方曲线重复以上操作。键入"L"启动"直线"命令，

将本步骤创建的直线左、右端点相连，如图 6-2-44 所示。

③选择"绘图"→"面域"功能，或在命令栏输入"_region"，依次选择步骤（2）创建的图形的 4 条线段，按空格键确认；启动"拉伸"命令，选择该面域，按空格键确认，键入"30"作为拉伸高度，按空格键确认。

④键入"L"启动"直线"命令，分别绘制如图 6-2-45 所示的 3 条直线；选择"绘图"→"面域"功能，依次选择本步骤创建的 3 条直线段，按空格键确认；启动"拉伸"命令，选择该面域，按空格键确认，键入"30"作为拉伸高度，按空格键确认。

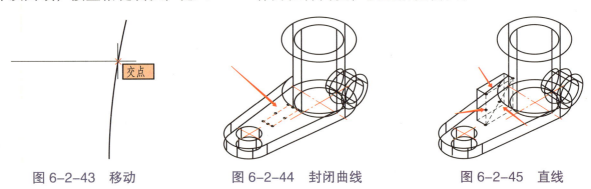

图 6-2-43 移动　　　图 6-2-44 封闭曲线　　　图 6-2-45 直线

⑤选择"修改"→"实体编辑"→"差集"，选择步骤（3）创建的长方体，按空格键确认，选择步骤（4）创建的五面体，按空格键确认。

## 任务小结

常用命令如表 6-2-1 所示。

表 6-2-1　中望机械绘图常用命令一览表

| 项目 | 快捷键 | 项目 | 快捷键 |
| --- | --- | --- | --- |
| 拉伸 | EXTRU | 面域 | REG |
| 差集 | SU | 着色 | SHA |

## 巩固练习

如图 6-2-46 所示，请根据下列图形形状及尺寸，用适当的命令绘图，不要求标注尺寸。

## 任务评价

如表 6-2-2 所示，根据学生自评、组内互评和教师评价将各项得分，以及总评内容和得分填入表中。

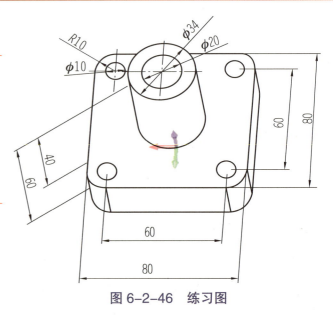

图 6-2-46　练习图

表 6-2-2　考核评价表

| 任务内容 | 评价内容 | 配分 | 学生自评 | 组内互评 | 教师评价 |
|---|---|---|---|---|---|
| 绘制组合体 | 视图切换 | 5 | | | |
| | 着色切换 | 5 | | | |
| | 命令应用 | 20 | | | |
| | 快捷键 | 10 | | | |
| | 尺寸 | 30 | | | |
| 巩固练习 | 成图 | 30 | | | |
| 总计得分 | | 100 | | | |

## 拓展练习

（1）如图 6-2-47 所示，请根据下列图形形状及尺寸，用适当的命令进行三维建模，不要求标注尺寸。

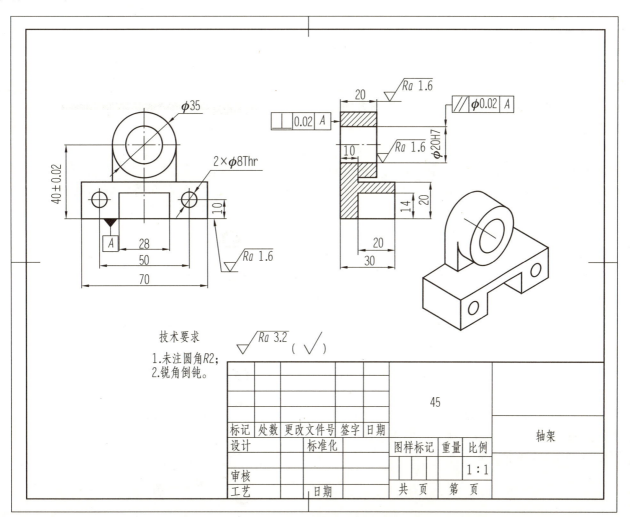

图 6-2-47　轴架零件图

（2）使用中望 3D One Plus 绘制以下图形。

| | |
|---|---|
| 新建零件，点击左侧工具栏草图绘制功能里的"矩形"命令。点击绘图基准面的正中心进入草图。 | 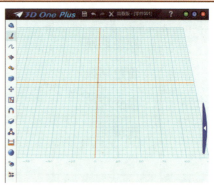 |
| 在（0，0）处使用"矩形"命令绘制一个长30mm，宽70mm的矩形，完成后点击"确认"按钮。点击左侧工具栏特征造型功能里的"拉伸"命令。"拉伸"命令里的轮廓选择绘制完成的矩形，拉伸高度20mm，完成后点击"确认"按钮。 | 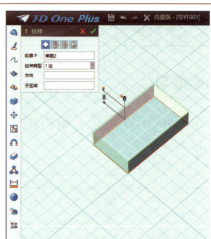 |
| 使用"矩形"命令，在六面体的前视图方向绘制（选择面的中心作为坐标原点），两点分别为（-19，-10）、（19，4）完成；点击"圆"命令，分别为（25，0）、（-25，0）绘制直径为8的圆后点击"确认"按钮。点击左侧工具栏特征造型功能里的"拉伸"命令。"拉伸"命令里的轮廓选择绘制完成的矩形，拉伸高度-20mm，选择减运算，完成后点击"确认"按钮。 | 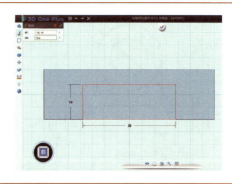 |
| 点击"矩形"开始绘图，切换到后视图，在矩形中心作为坐标原点；分别输入坐标点（-17.5，10）（17.5，30），完成举行绘制；点击"圆"命令在矩形上边中点作为圆心，绘制 R17.5 的圆；使用修剪命令删去图示线段，确认。使用拉伸命令，厚度为-10，选择加运算。 | 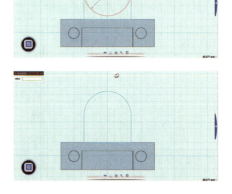 |

| | |
|---|---|
| 点击圆形开始绘图，切换到前视图，以圆心作为坐标原点；在该圆心处绘制 R17.5 的圆，确认；选择拉伸命令，选择圆输入 10 作为拉伸距离，选择加运行确认。 | 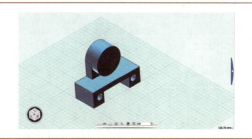 |
| 击圆柱体命令，选择上一步骤创建的实体的圆心作为圆柱体圆心；键入 10 作为圆的半径，-30 作为拉伸距离，选择减运算，确认；完成实体建模。 | 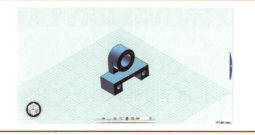 |

 **匠心筑梦**

### 胡双钱：机械行业的大国工匠

　　胡双钱就是一位拥有非凡技术的匠人，至今，他都是一名工人身份的老师傅，但这并不妨碍他成为制造中国大飞机团队里必不可缺的一分子。

　　2006 年，中国新一代大飞机 C919 立项，对胡双钱来说，这个要做百万个零件的大工程，不仅意味着要做各种各样的零件，有时还要临时救急。一次，生产急需一个特殊零件，从原厂调配需要几天的时间。为不耽误工期，只能用钛合金毛坯来现场临时加工，这个任务交给了胡双钱。

　　该任务难度之大，令人难以想象："一个零件要 100 多万元，关键它是精锻出来的，所以成本相当高。因为有 36 个孔，大小不一样，孔的精度要求是 0.24 毫米。"

　　0.24 毫米，这个本来要靠细致编程的数控车床来完成的零部件，那时只能依靠胡双钱的一双手和一台传统的铣钻床，仅用了一个多小时，36 个孔悉数打造完毕，一次性通过检验，也再一次证明胡双钱的"金属雕花"技能。

 **国标规范**

### 字体的样式

　　GB/T 14665-2012《机械工程 CAD 制图规则》规定，字体样式的设置要求：

　　（1）机械工程的 CAD 制图所使用的字体，应做到字体端正，笔划清楚，排列整齐，间隔均匀。

　　（2）数字与字母（除变量外）以正体输出；汉字以正体输出。小数点进行输出时，应占一个字位，并位于中间靠下处。标点符号除省略号和破折号为两个字位外，其余均为一个符号一个字位。

# 附 录

1. 图 5-1-18 至图 5-1-23 所需零件图。

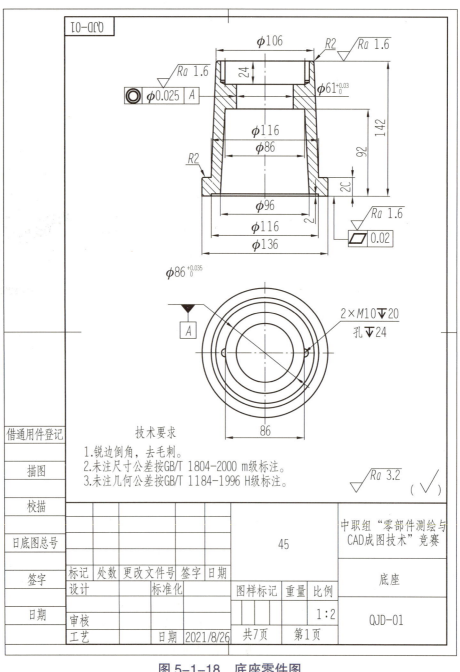

图 5-1-18　底座零件图

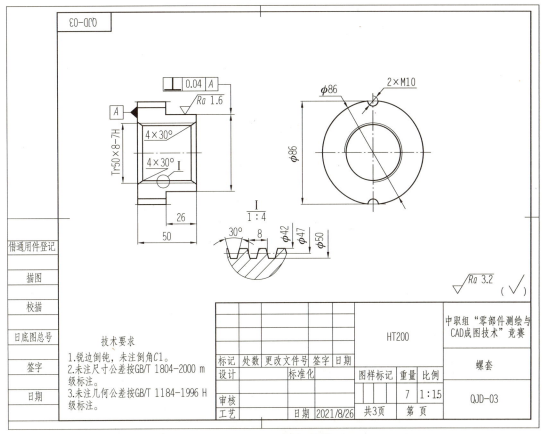

图 5-1-19 螺套零件图

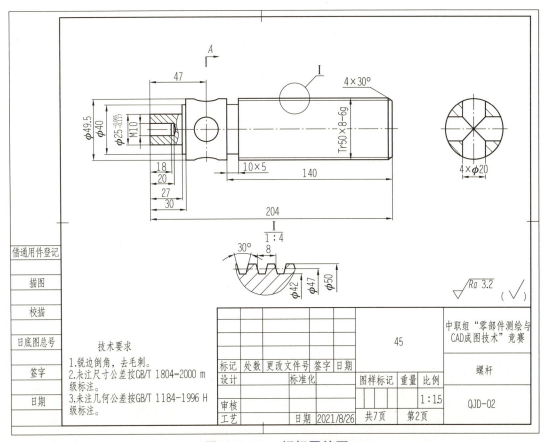

图 5-1-20 螺杆零件图

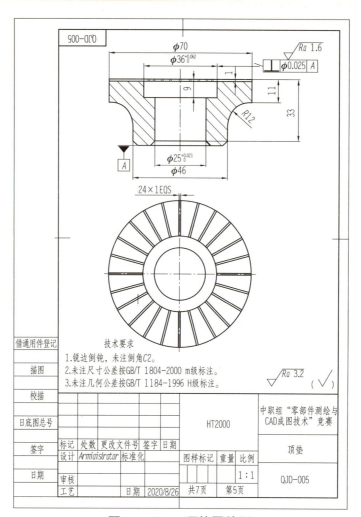

图 5-1-21 顶垫零件图

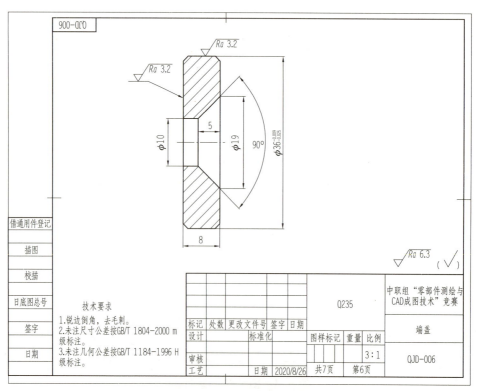

图 5-1-22 端盖零件图

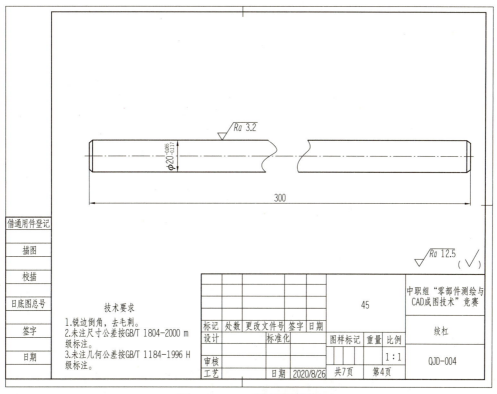

图 5-1-23 绞杠零件图

2. 图 5-1-48 所需零件图。

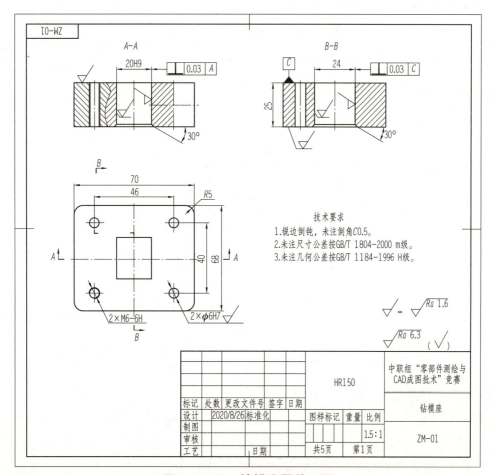

图 5-1-48 钻模座零件 1 图

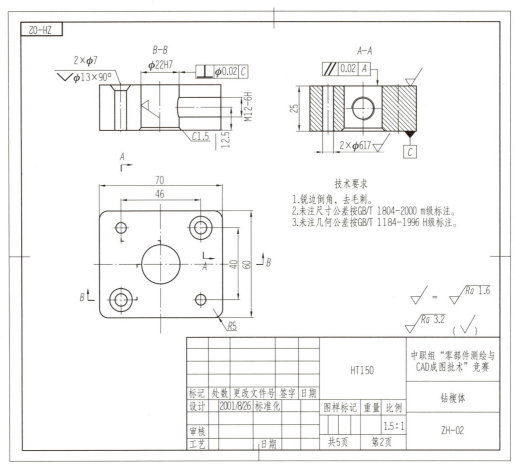

图 5-1-48　钻楔体零件 2 图

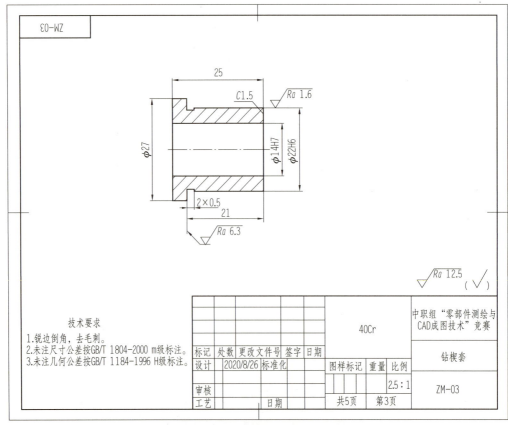

图 5-1-48　钻楔套零件 3 图

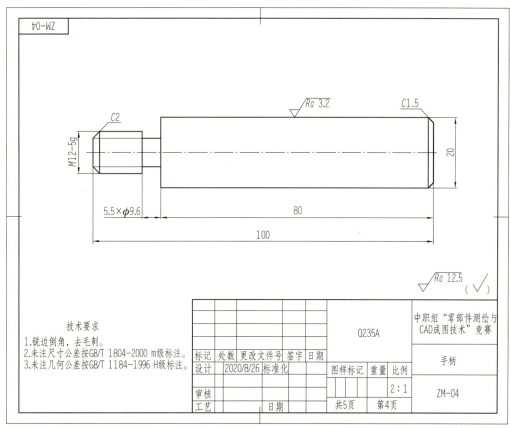

图 5-1-48　手柄零件 4 图

3. 图 5-1-49 所需零件图。

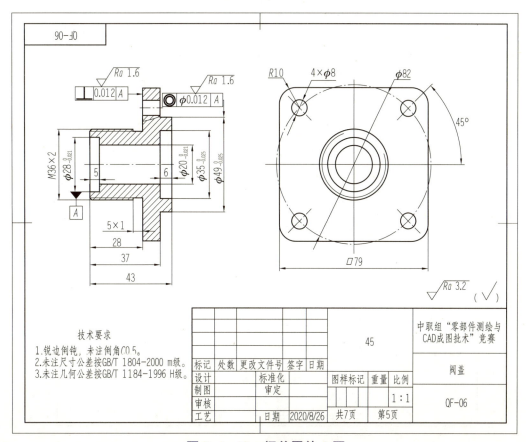

图 5-1-49　阀盖零件 1 图

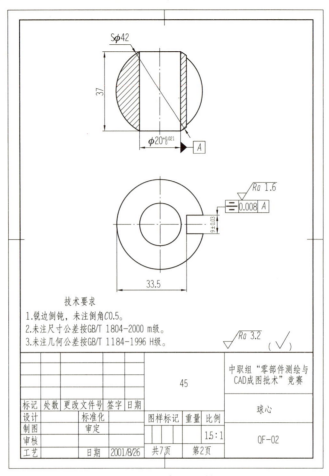

图 5-1-49 球心零件 2 图

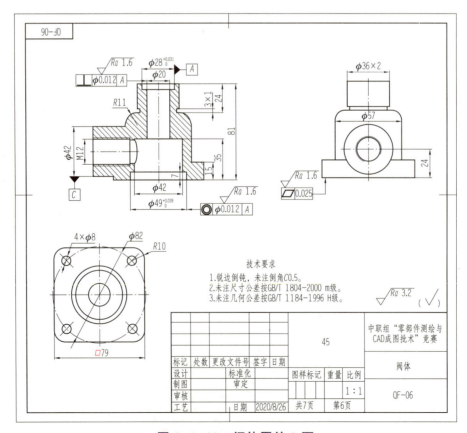

图 5-1-49 阀体零件 3 图

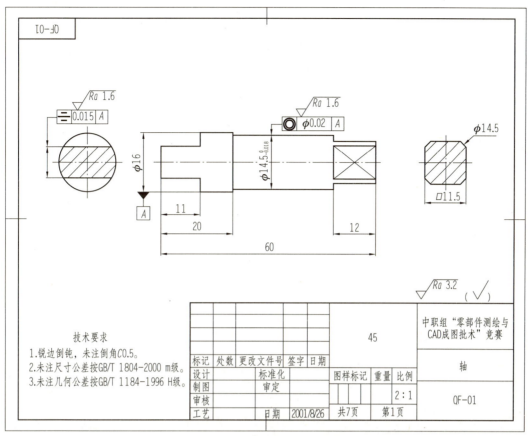

图 5-1-49　轴零件 4 图

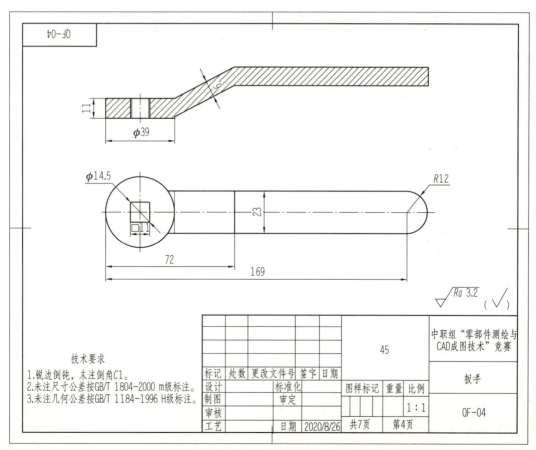

图 5-1-49　扳手零件 5 图

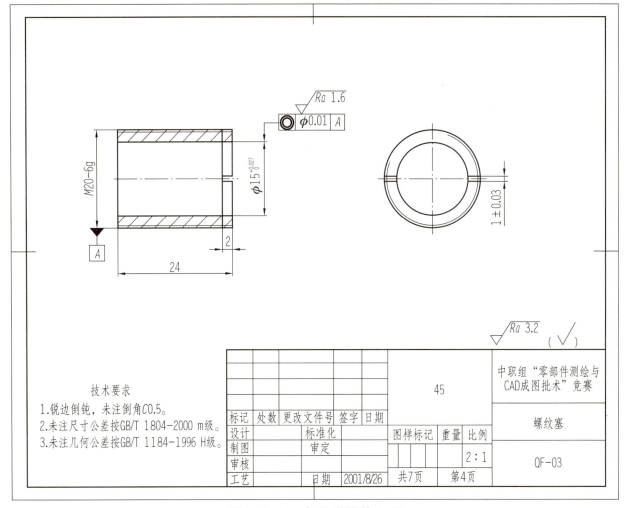

图 5-1-49 螺纹塞零件 6 图

# 参 考 文 献

[1] 王灵珠. AutoCAD2014机械制图实用教程［M］. 北京：机械工业出版社，2018.
[2] 孙琪. 中望CAD实用教程［M］. 北京：机械工业出版社，2018.
[3] 孙簃，陈洪飞，许靖. CAD/CAM技术应用-AutoCAD项目教程［M］. 北京：高等教育出版社，2015.
[4] 汪哲能. AutoCAD2013机械制图实例教程［M］. 北京：机械工业出版社，2014.